『泡爸讲知识』经典系列

让孩子着迷的

RANG HAIZI ZHAOMI DE
ZIRAN ZHI MEI

自然之美

泡爸／著

泡泡／画

湖南科学技术出版社

泡爸为什么坚持讲知识？

愚昧这个概念，是相对的。

挑一个你身边最愚昧的老太太，送去 100 年前，她会成为预言家；送到 1000 年前，她会成为先知。为什么？因为"她知道更多"。

前人与后人，新时代与旧时代，最本质的差异，从来不是观念理念、道德情操，而是认知的多寡。

人类对世界的认知，不是线性发展的。300 多年前，曾经有过一个突破性的节点。那位伽利略同学所开启的"实证科学"，为人类认知世界带来了方法上的革命。

从此，那些靠想象建立起来的方法论、靠自圆其说得以立足的"思想"、靠欺骗和权威所巩固的论点，开始一一被这样五个字所推翻：证明给我看。从此，真正的知识，开始发威。

即便你认为物理学跟你毫不相干，你也应该知道，牛顿和爱因斯坦，为我们认识世界的道路，各自点亮了一盏明灯。能与这两位比肩的第三人，目前还没有出现。

即便你早已把生物学知识还给了生物老师，你也必须知道，孟德尔对基因的发现以及由此发展而来的分子生物学，正在并终将彻底改变人类的命运。

即便你对预言未来毫无概念，你也可以知道，40 年前，人们对人

手一台智能手机的想象，完全可以比拟你现在对 20 年后人工智能的想象。如果把时间推后 50 年，人工智能与人类智能的"无缝连接"，才更让人"亮瞎双眼"。

这一切发展和进步的基础，都是两个字：知识。

别再向你的孩子灌输所谓先贤的思想了，那些思想的知识基础，放在当下，简直浅陋不堪。

人文当然重要。然而，知识才是基础。一味孜孜于所谓"感念感动"，而疏忽了知识的学习，必然会不自觉地成为"那个愚昧的人"。

更别以懂得某种所谓"流行理念、先进思想"而自大、封闭，拒绝知识学习。要知道，所谓理念思想，失去知识基础，不论披着何种外衣，往往都不过是一种精神麻醉。

如果你的知识积累跟世界同步，你是一个达人；如果你的知识积累领先于你所处的时代，你可以活得充满喜悦和自豪；而如果你的知识积累落后于你的周边，那么，很不幸，你会被划入愚昧的阵营。

怎样才能让你的孩子不落后于他所处的时代？

给他世界观，不如带他观世界。

求知欲的多少，决定着孩子的未来。

这套丛书，一共 7 本，从历史、地理到自然、宇宙，也包括唐诗宋词。在泡爸看来，这些，正是一个小学生最需要系统掌握的知识。

"把知识变成故事，把讲解变成聊天"，是泡爸的写作出发点。除了有趣和故事性，泡爸更在意的一点，则是"系统"这两个字。碎片化的学习，没有系统性的零散知识，往往看似学了很多，却杂乱记不住，也难以成为下一步深度学习的基础。

这套着迷系列，更希望孩子们在有趣的阅读中，在故事性的知识里，读懂读透。激发求知欲的同时，也获得知识学习和理解的境界提升。

目 录

动 物 篇 ▲▲▲

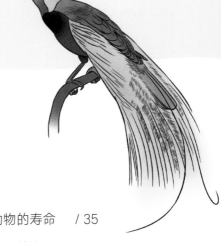

▲▲▲▲▲▲▲

▲▲▲▲▲

植物篇

气候篇

动 物 篇

[狼]

　　一只狼遇到一只老虎，狼怕不怕？不怕。因为老虎轻易逮不住狼。

　　相反，如果一只老虎碰到一群狼，那老虎可就要倒霉了。一群狼可以拿下、吃掉一只老虎。

　　所以，狼在动物界里是没有天敌的。但是在这个世界上，狼还是有天敌。狼的天敌只有一个：人。

　　人是狼的天敌，因为人不喜欢狼。

老虎和狼

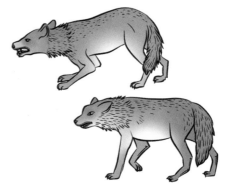

羊和狼

过去，狼老欺负人。钻到人家里去，咬死人养的鸡、鸭，甚至是猪、羊、牛什么的。咬死小孩，咬死大人的事情也很多很多。

所以人讨厌狼，你看人们用狼造的词：白眼狼、狼子野心、豺狼当道、鬼哭狼嚎、狼狈为奸。哪有好词呀。

后来，人越来越厉害，武器越来越牛，打狼的本事越来越大，被人消灭的狼越来越多。结果是，狼越来越少，少到濒临灭绝。现在很多国家把狼当做保护动物，包括中国。

既然人讨厌狼，为什么还要保护狼？有两个原因，一是不保护就没有了，人再牛，也没有权力决定其他物种可不可以在地球上存在。任何一种生物，只要不是传染病毒什么的，如果快要灭绝，人类都有义务保护它，努力让它在地球上生存下来。这地球是大家的嘛，不是人类自己的。

第二个原因，很多地方还是需要狼的。狼虽然没有动

3

野兔

物天敌，但狼是其他动物的天敌。如果狼没了，那些动物失去了天敌，就可能泛滥成灾。泛滥成灾就麻烦啦，比如一片草原上，如果没有狼，野兔家族就会膨胀。野兔如果太多，会吃掉过多的草，让该吃草的牛羊没有草吃，破坏草原生态。这叫食物链，一个套一个，谁也不能少。

人觉得狼很坏，那是站在人的角度。如果站在动物的角度看，狼其实是有很多优点的。

狼很聪明，一只狼如果遇到一头猪，它不会上来把猪咬死，因为猪太大，咬死了，狼吃不完也叼不走，多浪费。狼会咬着它的耳朵，用尾巴当鞭子把猪赶回窝里，跟小狼一起慢慢吃。狼甚至还会学人，牵着骆驼的缰绳，把骆驼带回家，一群狼一起吃。

一群狼攻击一群牛的时候，最显狼的聪明。牛群遇到狼会自我保护，公牛在外边站一圈，里边是母牛和小牛。狼群会派几只狼假装攻击其中一只公牛，这只公牛摆动身体反抗的时候，其他狼就会从闪出来的空隙里冲进牛群，把牛群冲散，然后再袭击小牛和身体弱跑不动的老牛。

狼的另外一个优点是守纪律。狼喜欢一群一群生活在一起，狼群据说是世界上最守纪律的动物种群。每只狼在狼群中都有分工，每只狼对分配给自己的事从来都不犹豫。正是因为狼的纪律性强，所以，狼群的威力才那么大。十几只狼可以袭击几十只牛的牛群，几百只羊的羊群，还可以围攻比自己厉害的野猪、老虎、大象。

有一个故事，说两只狼追一个人，这个人躲到一个柴禾垛里。两只狼在前边守着，等他出来。过了很长时间，人一直不敢出来。后来，其中一只狼走了，留下一只狼守着。过一会，这只守着的狼开始睡觉。人看见狼睡着了，冲过来拿刀把狼砍死。砍死狼之后，他觉得奇怪，这只狼为什么在自己面前睡觉啊？绕到后边才明白，原来另外一只狼把头伸进柴禾垛里，正在掏洞，准备从后面攻击他。前边那只狼是在装睡，到死了还在装。

狼最大的优点，还不是聪明和守纪律，而是顾家、爱孩子。狼为了保护自己的孩子，可以牺牲自己。

有猎人讲过一个真实的故事。这个猎人在长白山里打猎，有一天，碰到一只狼。狼最怕猎人，但这只狼逃跑的时候很奇怪，不往树林里跑，而是往坡上爬。对狼来说，爬坡逃跑是一种很笨的办法，因为爬坡慢啊。即使越过了坡，猎人追上来，在山坡上往下放枪，打狼也容易。

　　猎人爬上山坡，打死了狼以后，觉得奇怪，又回到发现狼的地方。结果找到了两只躲起来的小狼崽，原来那只老狼是故意爬坡，引诱猎人追他，好让狼崽子们藏起来。

　　可惜，这只狼没有成功，那只装睡的狼也没有成功。如果站在狼的立场上看，它们没成功的原因，是人这个东西太坏、太狡猾了。

[从凶猛的狼
到温顺的狗]

狗是人类最亲近的动物朋友，狗比狼温顺多了。但是，你知道么？所有的狗都是狼变的。

1万多年前，人驯化了狼，有了狗。当年的人出于什么目的驯化狼，又是怎么驯化狼的？这事我不知道，科学家们暂时也不太清楚。大家只知道，狗是东亚的狼驯化而成的。东亚是哪里？包括中国的亚洲东部地区。

狼被驯化成狗1万多年以后，到现在，世界上狗的数量，比狼多得多。地球上的狗，超过4亿只。狼呢？连400

猎人和狗

万只都不到，比狗少 100 倍。而且狗的种类多达几百种，现存的狼只有几十种。

人类喜欢狗，因为狗特别忠实。中国有句古话：子不嫌母丑，狗不嫌家贫。没见过哪个孩子因为老妈长得丑就不要老妈，也没见过哪只狗因为主人家里穷就离开主人。猫就不行，谁家有好吃的，它就跟谁。

人把狗当朋友，狗也把人当朋友，而且，狗这个朋友绝对靠得住，关键时刻，狗可以救人。

狗救人的故事发生过好多。比如，有一年，印度发生海啸。在一个靠近海岸的村子里，一个妈妈看到海啸要来，一边抱着两个小孩往外跑，一边叫大儿子跟上。结果大儿子没想明白，以为离海岸很近的一个小草房安全，跑去了那里。眼看海水漫向小草房，妈妈以为大儿子肯定要死了。没想到他们家的狗突然奔向小草房，用嘴叼住大儿子连拖再拽带回到安全的地方，救了小主人一命。

还有一个加拿大的小男孩，跟他的狗在自己家后院玩的时候，突然遭遇一条凶猛的美洲狮袭击。平时，狗遇到美洲狮，会逃跑的，狗知道自己不是美洲狮的对手。但这个小男孩的狗，看到美洲狮袭击小男孩，居然冲上去跟狮子搏斗。还好，小男孩趁狗和狮子搏斗打了电话报警，警察及时赶到，赶走了美洲狮，救了小男孩和狗。如果这只狗选择跑掉，那小男孩恐怕要被狮子吃喽。

狗是人类的朋友

除了给人当伴，关键时刻救人。狗还可以做很多工作，比如，打猎、牧羊。在一些寒冷的地方，狗被当马用，给人拉雪橇。狗还可以到马戏团去表演，或者当军犬、警犬、搜救犬。

给你讲一个真实的警犬故事。

狗的最大优点是忠实，你知道什么狗最忠实吗？藏獒，所以藏族人最喜欢养藏獒看家，藏獒对主人死忠死忠，即使碰到凶恶的狼群，也不会逃跑。你知道什么狗最守纪律吗？德国黑背，所以很多警犬用的是德国黑背，警察用狗执行任务，首先要考虑它守不守纪律。这也是很少有人用藏獒当警犬的原因，藏獒太凶，纪律性差，执行任务的时候往往管不住。

藏獒

　　曾经，北京市公安局负责养警犬的人突发奇想：如果用藏獒跟黑背杂交，那新的品种会不会既忠实，又守纪律？

　　这人去试了，结果不太好，生下一窝小狗只活了一只。这只狗叫獒子，长得倒是高大威猛，但是性格奇怪地温顺，一点没有警犬的攻击性，只喜欢窝着。所以，除了偶尔用用它灵敏的鼻子，谁也没指望这只狗能干出抓坏人的事。

　　一天，有人报告某个别墅里发现情况。负责带獒子的警察小冯，带着它去别墅查。小冯在别墅外隔着门跟里边的保镖对话之后，感觉确实有情况，带着獒子往回走。一边走一边用对讲机汇报，要求派更多的警察来，一起进去查。

　　别墅里的坏人看到小冯用对讲机，觉得不对，带着两个保镖出来追。追上小冯，一刀把小冯刺倒在地。

　　后来发生了什么就没人看见啦，只能根据事后警察的推断进行还原。三个人刺倒了小冯以后，往回跑，獒子看到主人受伤，急了，跟着追。三个人回到院子里，关上门。门上有狗撕咬的痕迹，但獒子不是从门进去的。从哪？旁边的一扇玻璃窗。獒子冲破玻璃进到院子里。

警察来的时候，看到院子里倒着一个保镖，被咬死的。门廊里还死了一个保镖，也是被咬死的。

獒子咬死了两个保镖之后，追到坏人所在的房间。警察后来发现，房间里也死了一个保镖，身上没有伤，是吓死的。地上有一只枪，枪里的子弹已经打光，门上、地上都有弹坑，但坏人太慌乱，没有打中獒子。坏人在窗户外边的地上躺着呢。他打完了子弹，吓得跳窗逃跑，摔死在地上。

别墅里只跑掉一个保镖，也是跳窗逃跑的，等警察找到他家里，人已经疯了。从那以后，这人一听到狗叫就浑身发抖。

獒子呢？警察后来在别墅门外的一棵大树下找到它，四肢摊开，趴在地上。检查结果发现，这只狗死于心脏充血过度，血管破裂。藏獒本来就不太适合在平原养，藏獒习惯了高海拔低气压，心脏不适合平原的高气压。这次搏斗过于猛烈，獒子的心脏承受不住。

从那以后，北京市公安局再也没人提杂交藏獒黑背的事，大家都很心疼那只忠于主人的獒子。

[哺乳动物
跟人最近乎]

给你做一道题，猜猜看，人、猪、屎壳郎、鲤鱼、麻雀、蛇、蚯蚓，这些动物中，哪两种血缘关系最近？

答案是人和猪。因为，猪是哺乳动物，人算是一种高级哺乳动物，猪和人是一类。其他几种动物各有各的类，离得都远。

人跟笨猪排在一起，人可能不太高兴。但笨猪很高兴，咱虽然笨，那也是哺乳动物呀。哺乳动物那可是动物进化的最高级阶段。前面讲过的狼、狗都是哺乳动物。

哺乳动物的共同点，首先大家都是脊椎动物，就是后背都有一根大骨头，脊椎把身体撑起来。这根大骨头，鸟有，鱼有。所以，鸟、鱼也是脊椎动物，但它们不是哺乳动物。哺乳动物还得是胎生，直接生出小孩来。不是像鸟那样下蛋，也不是像鱼那样产卵。

哺乳动物生出来的小孩是吃奶的，靠吃奶长大。人的小孩吃奶，刚生出来的小狗、小狼、小猪都吃奶。鸟不是，小鸟孵出来就能吃虫子。鱼也不是，鱼没地吃奶去，鱼妈妈没有奶给小鱼吃。

　　除了胎生、吃奶。哺乳动物还有其他共同点，比如，身上都有体毛，都是恒温动物。人的体温一般都在 36.5 摄氏度，不管周围的温度高还是低，人都会努力调到正常温度。热了就冒汗，通过出汗降低温度；冷了就消耗体内的脂肪，制造能量。如果体温过高过低，调不回来，那有可能是生病了。

　　一些非哺乳动物不调体温，像蛇。早晨的时候，蛇的体温往往只有十几摄氏度。到了中午，可以是 40 摄氏度。蛇不是不愿意调，而是它没有调节体温的能力。所以，蛇遇到特别冷的天气，只有一个办法，找个暖和的地方冬眠，彻底大睡一场，减少身体的能量损失。

　　想一想，恐龙是不是哺乳动物？

　　刚才讲了，哺乳动物属于脊椎动物这一大类，恐龙也属于脊椎动物这一大类，只是不属于哺乳动物这一小类。脊椎动物这一大类一共分为五小类：哺乳类、鱼类、鸟类、爬行类、两栖类，恐龙属于这里边的爬行类。

脊椎动物虽然高级，但只占地球上动物的 10%，另外 90% 都是无脊椎动物。无脊椎动物也分好多类，这些你就没必要记啦。我举几个例子给你听。

蚯蚓和蛇有点像，是不是一类？不是，差得大呢。蛇是脊椎动物里的爬行动物，蚯蚓呢，是无脊椎动物里的环节动物，身上一环一环的。因为，蛇是有那个大骨头的，蚯蚓没有。所以蛇是比蚯蚓更高级的动物。

无脊椎动物里还有一种叫软体动物，蚯蚓虽然也很软，但它不是。蜗牛、扇贝、乌贼那样的，才是软体动物。这个

软体动物咱们后面要单独讲，它们最软最面，是最好欺负的动物。

想想，昆虫背上有没有那根大骨头？没有，对。所以昆虫也属于无脊椎动物，它们是无脊椎动物中的节肢动物。节肢动物身体分节，每一节都长肢，肢就是腿。所以叫节肢动物。节肢动物是地球上种类最多的动物，占所有动物的 85%。来，咱们一起想几种列在这：蜘蛛、蚂蚱、螃蟹、

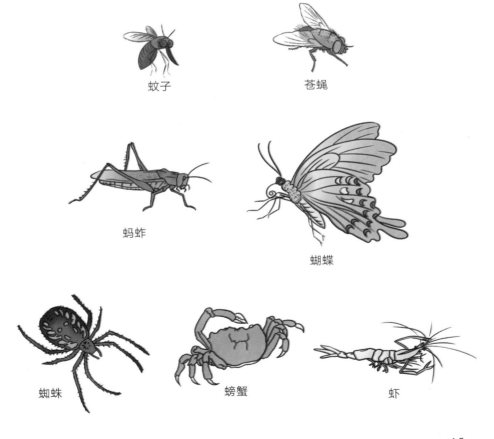

蚊子　　　　　　　　苍蝇

蚂蚱

蝴蝶

蜘蛛　　　　　螃蟹　　　　　虾

虾、苍蝇、蚊子、蝴蝶。

环节动物、软体动物、昆虫都属于无脊椎动物。脊椎动物比无脊椎动物高级一些，脊椎动物里哺乳动物又高级一些。人呢，比普通的哺乳动物还要高级。不过，你知道的，人再高级，也是从最最原始的生物一步一步进化来的。这个过程，按照咱们分的类别，是这样的：

先是从早期的原始生物进化成接近脊椎动物的云南虫、文昌鱼，这个事发生在 5 亿年前，那时候出现的文昌鱼虽然名字叫鱼，但还不是鱼。

真正的鱼出现在 3 亿年前，鱼是最先出现的脊椎动物。鱼再接着进化，其中一些进化成青蛙那种既能活在水里，又能活在岸上的两栖动物。两栖动物又进化成爬行动物，比如鳄鱼。哺乳动物呢，再从爬行动物进化而来。

[生活在水里
的哺乳动物]

　　绝大多数哺乳动物生活在陆地上，因为哺乳动物需要喘气，用肺喘气。但是也有例外，比如鲸和豚。

　　鲸和豚选择生活在水里这事，我还真有点想不明白。它们又没有鱼的本事，可以用腮过滤水里的氧气呼吸。鲸和豚都用肺呼吸，得浮到水面上来换气。鲸还好一些，换一次气够用 40 多分钟，海豚换一次够用 20 多分钟。江豚最惨，几分钟就得上来换一次气，多麻烦。干嘛非要选择生活在水里呢？真是不嫌憋得慌。

　　所以我以前好奇，到底它们是从生活在水里的鱼直接进化成了鲸和豚，所以习惯了生活在水里？还是曾经跟其他哺乳动物一样生活在陆地上，后来去了水里生活呢？你猜结果是哪一种，居然是后一种。原因？没有确切的答案，可能是因为某个阶段，本来水陆两栖的鲸和豚发现，在水里找吃的要比在陆地上容易，慢慢地就赖在水里多一些。长期赖在水里，腿的功能退化，到后来，想上岸也上不来啦。

　　蓝鲸是鲸类中体型最大的，也是地球上体型最大的动物，最大的蓝鲸可以达到 160 吨。160 吨是什么概念？假设一个人一天吃 1000 克（2 斤）肉可以吃饱，那如果这头最大的蓝鲸能保存好，够 20 多个人吃一辈子。

蓝鲸长得大，吃得也多，一头蓝鲸一天至少要吃 2 吨食物。2 吨食物，够 1 个人吃 3 年。

鲸跟其他哺乳动物一样，体温恒定，保持在 35.4 摄氏度左右，也是胎生。一胎生一个，两年才生一次。跟其他哺乳动物比，算比较少的，所以鲸的数量增长比较慢。人类捕杀、海洋环境恶化都会导致鲸的数量变少。地球上鲸的种类大约有 98 种，目前有 5 种正在濒临灭绝，尤其是个头最大的蓝鲸，据说全世界只剩下几百头，还有人说只有几十头。

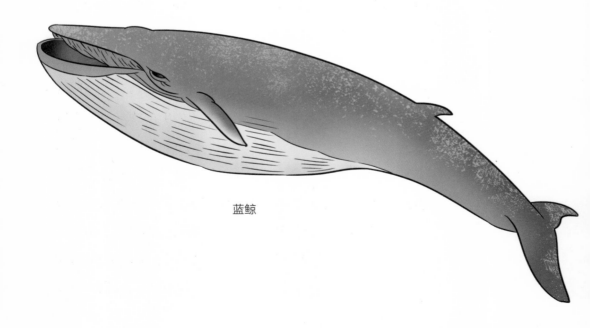

蓝鲸

海豚的情况比鲸好一些，虽然也被人捕杀，但暂时没有灭绝的危险。

海豚是一种非常神奇的生物。

它有两个脑子，可以轮流工作，轮流休息。所以海豚能够永远不睡觉，一直不停地游来游去。

海豚的学习能力特别强，稍加训练，就能钻火圈、打乒乓球，玩各种难度的杂技动作。有的海豚还会记单词，能记上百个单词呢。所以，海洋馆里，一般都用海豚来做表演。

为什么海豚如此神奇？因为海豚特别聪明，它的脑含量与体重的比例，跟人最接近。人的大脑约占体重的 2.1%，海豚的大脑约占它体重的 1.7%。

海豚最神奇的地方，是它们喜欢人类。海豚是很凶猛的水中生物，它们可以攻击鲨鱼，但极少发生海豚攻击人的事情。相反，海豚救人的事情却发生过很多次，一般都是人在海里受到鲨鱼的攻击，海豚们围过来赶走鲨鱼。有些时候，海豚甚至会把人托到岸边。野生海豚和人一起玩的事情，更是特别多。为什么海豚跟人类如此亲近？目前还是一个秘密。

海豚多，江豚少。江豚只在中国、韩国、日本等少数地方存在。中国的江豚主要生活在长江里，江豚在中国属于保护动物。科学家们在长江上利用一段旧的长江河道，建了一个江豚保护区。有一次，江豚保护区出了件大事，什么大事？夜里，江水结冰了。

江水结冰可怕吗？非常可怕。你知道，江豚需要每几分钟上来喘一次气。江面结冰，就意味着江豚没有办法到水面喘气。即使能冲破冰面上来，冰也会把江豚划伤的。

所以，第二天早晨，保护区的科学家非常担心，赶紧在江面上找。结果啊，这些江豚一条都没死，江面上有一小块地方，几十平方米大，没结冰。保护区的所有江豚，好几十头，都聚在那里喘气呢。

这个结果，科学家们也没想到。而且，到现在科学家们也没弄明白，保护区的江面有好几平方千米大，只有那么一小块地方没结冰，这些江豚是如何集体找到这个地方的？它们怎么就那么聪明呢？

江豚

哺乳动物里有一个很奇怪的家伙，在它该属于哪一类动物这事上，很多人犯过错。这种动物生活在水边，也是哺乳动物，但它跟所有哺乳动物都有一点不一样，它是下蛋的，它叫鸭嘴兽。

鸭嘴兽只澳大利亚有，长得很怪，身上有毛，长一张鸭子嘴，能走路，也能游泳。

除了不是胎生而是下蛋以外，它具有哺乳动物的很多特点，像用肺呼吸、身上长毛、体温恒定等，最重要的是它会喂奶。小鸭嘴兽从蛋壳里孵出来，然后吃奶，这在动物界里，是唯一的。所以科学家们把它定义为，仍然具有爬行动物特征，还没完全进化成哺乳动物的哺乳动物，属于最原始的哺乳动物。听着跟绕口令似的，不过，只要你明白，就好。

鸭嘴兽

[奇奇怪怪的鱼]

　　鱼是非常重要的生物。在动物进化史上，鱼非常非常重要。因为鱼是最早出现的脊椎动物。现在所有的脊椎动物，咱们前面讲过的五大类，除了鱼，另外 4 种，鸟、爬行动物、两栖动物、哺乳动物，当然也包括人，都是从鱼进化而来的。

　　所以，也可以说，因为有了鱼，动物进化成人这事才变得有可能。没有鱼，就没有人。人类尤其要感谢的，是那些当年非要离开大海，宁可变成两栖生物，也要尝试到陆地上生活的鱼。没上来的，还是鱼。上来了的，至少有一种最后变成了人。

　　从鱼演变到人，很多东西进化了。人会说话、写字、动脑子，鱼都不会。可是也有些东西退化了，比如说游泳。

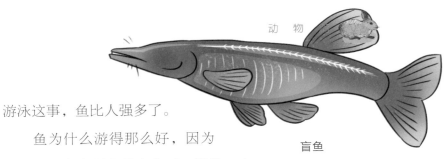

盲鱼

游泳这事，鱼比人强多了。

　　鱼为什么游得那么好，因为鱼游泳的方式跟人是完全不一样的。人是靠腿往后蹬，鱼不是，鱼靠的是肌肉收缩。先是身体一侧的肌肉从前向后收缩，然后是身体另一侧的肌肉也同样做，制造波浪运动，这种波浪运动推着鱼向前游。越长的鱼，游泳时身体波浪运动的幅度越大。鱼头在游泳中起保持方向的作用，鱼鳍用来保持上下稳定。

　　虽然所有鱼游泳的方式一样，但鱼跟鱼的差别还是非常大。世界上一共有 2 万多种鱼，2/3 的鱼生活在海水里，1/3 生活在淡水里。2 万多种是个大数字，其他 4 种脊椎动物的种类加起来，也没鱼的种类多。这 2 万多种鱼里，有很多奇奇怪怪的家伙。

　　有不长眼睛的盲鱼。在我国贵州、云南、广西这些地方，有很多地下洞穴，洞穴的暗河里生活着盲鱼。盲鱼要眼睛没用，因为它生活的地方全黑，所以它的眼睛慢慢退化，最后失去了视力。盲鱼长度一般在 10 厘米左右，有意思的是，盲鱼的身体居然是透明的，可以清楚地看到它体内的脊椎和内脏，像玩具玻璃鱼一样，很好玩。

　　比目鱼有眼睛，但它的两只眼很奇怪，居然长在同一边。眼睛长在同一边，多不方便啊？不过比目鱼可不觉得自己这样是缺点，相反，它就需要这样。因为比目鱼是扁平的，它习惯于躺在海底。对着海底的那一侧，反正对着海底，有没有眼睛都一样。另外一侧呢，向着海面，两只眼睛都长这边，才看得清楚呢。

还有一种鱼，叫肺鱼，这种鱼不但有腮，能像其他的鱼一样在水里呼吸，它还有肺，能直接喘气。这种肺鱼平时生活在水里，如果遇上河道干涸，没水。它们会把自己包裹在泥里，只留下几个小孔与外界通气，以使自己能够进行呼吸。这是肺鱼的休眠状态，这种休眠状态，肺鱼最多可以撑4年，直到有了水，它再出来混。

还有一种更奇特的盲鳗，这也是一种盲鱼，生活在大海里。盲鳗是因为被一层皮膜遮住了双眼，所以看不见。但是这种鱼的嗅觉和触须的触觉非常灵敏，能迅速判定方向、分辨物体。它跟孙悟空捉弄妖怪一样，从大鱼的鱼鳃钻进大鱼的肚子内，把大鱼的内脏吃掉，然后再钻出来。盲鳗还是世界上唯一用鼻子呼吸的鱼。更奇特的是，盲鳗有4个心脏。它为什么有这么多心脏，它要这么多心脏干吗使？科学家目前还不知道。

有一种鱼会飞，有意思吧？其实它不是真的会飞，但它能够在快速游动之后，跃到空中滑翔一段距离，最远可以达到上百米，这是飞鱼躲避攻击的手段。

如果说到长相，奇怪的鱼就更多了。有长相特别凶恶的狼鱼，有长得像蝴蝶的蝴蝶鱼，还有长得像蝙蝠的蝙蝠鱼。奇奇怪怪的鱼还有很多，留着你去海洋馆慢慢找吧。

[哪种鸟最漂亮]

讲到鸟，有必要先提一下恐龙。恐龙跟鸟有关系吗？有，关系还很大。恐龙是所有鸟类的祖先。不相信？我刚听说的时候也不相信。恐龙怎么能进化成鸟，恐龙不是灭绝了吗？

并不是所有的恐龙都进化成了鸟。进化成鸟的，是早期一些会飞的，个子没那么大的恐龙。在很长一段时间内，差不多有几千万年吧，鸟、会飞的恐龙、地上跑的大个子恐龙，同时存在。只是到了后来，地上跑的恐龙、会飞的恐龙，都灭绝了，只有鸟存活下来。

最早的鸟，叫始祖鸟，出现于 1.5 亿年前。始祖鸟的化石比较罕见，目前全世界只有 10 件。这 10 件化石非常珍贵，它们表明了鸟和恐龙的关系。确切地说，始祖鸟还不是真正的鸟，始祖鸟的化石既有鸟类的一些特征，又跟恐龙非常接近。它已经有了翅膀，是由恐龙的前腿进化来的，但两边的翅膀上各留着三个没完全退化的脚趾。它还拖着一条有尾椎骨的尾巴，这是爬行动物的特征，真正的鸟没有这种尾巴。

始祖鸟

　　飞是鸟的天性，鸟生来是要飞的。为了飞得更好，鸟把最发达的肌肉长在胸脯上，用来扇动翅膀。鸟还从来不在体内保留尿和粪便，这是为了减少体重，飞得更好。

　　但进化真是一件很有意思的事。有些鸟，居然进化得不会飞了。比如企鹅，企鹅本来会飞，可是它在水里待了一段时间以后，变得更喜欢游泳。结果成了游泳速度最快、却不会飞的鸟。不会飞的还有鸵鸟，鸵鸟是世界上跑得最快的鸟，因为跑得快，它也不飞啦。

　　恐龙进化成鸟，有一点特别对得起恐龙。那就是，变漂亮啦。恐龙多丑？鸟多好看呀。

　　哪种鸟最好看呢？这个真说不好。不过我可以列出几种漂亮的鸟，让你选，你来定，哪种最漂亮。

　　第一位选手叫红腹锦鸡，原产于中国西部山区的森林里。这种鸟最鲜明的特征是它红红的腹部。它有金黄色的冠

红腹锦鸡

和尾部，脖子上还披着一条深黄色的"披肩"，打开的话，像一把黑黄相间的扇子。

　　第二位选手和第三位选手都来自于北美，一位叫蓝知更鸟。蓝知更鸟的身体、翅膀、尾巴，包括嘴都是蓝色的。雄鸟更漂亮，颜色鲜艳，雌鸟是比较浅的淡蓝色。另一位叫北美红雀，北美红雀雄鸟身上的羽毛全是红色，雌鸟灰棕色。雄鸟脸上有一圈黑色的毛。

　　第四位选手叫大红山雀，来自亚洲地区，中国的中部和南方也有。身上有黑、白、红、棕等多种颜色，混杂在一起非常好看。

　　第五位选手在非洲和美洲比较多，叫火烈鸟。火烈鸟身上的羽毛红白相间，单只的火烈鸟还不算太好看，但这种

鹦鹉

鸟喜欢群居，往往几万只、几十万只生活在一起。成群的火烈鸟不管是飞起来，还是落在地上，都非常壮观、漂亮。

第六位选手是一种鹦鹉，叫金刚鹦鹉，来自南美洲。金刚鹦鹉羽毛的颜色特别鲜艳，红、黄、蓝、绿都有，拖着一条长长的漂亮尾巴。很多人把金刚鹦鹉当宠物养，不过金刚鹦鹉比一般的鹦鹉长得好看，个头也大，要养它的话，需要比较大的笼子。

第七位选手叫孔雀，孔雀在东南亚比较多，中国也有。开屏的是雄孔雀，按颜色可以分为绿孔雀、蓝孔雀、黑孔雀和白孔雀。在鸟类当中，孔雀的地位非常高，被称作百鸟之王。中国的孔雀品种是绿孔雀，主要生活在云南。

第八位选手比较重量级，叫极乐鸟。极乐鸟来自大西洋的岛国巴布亚新几内亚，是这个国家的国鸟。极乐鸟羽毛鲜艳，体态华丽，还有一对长长的大尾羽，光彩夺目。极乐鸟也被人称作天堂鸟，意思是天堂来的神鸟。极乐鸟在树上集体飞舞的时候最美，像是整棵树上鲜花怒放。

[成群结队的昆虫： 蜜蜂和蚂蚁]

　　蜜蜂和蚂蚁都是昆虫。昆虫属于咱们讲过的无脊椎动物中节肢动物那个小类。

　　蜜蜂和蚂蚁所属的这个节肢动物小类，是个超级大家族。咱们之前讲过，节肢动物是地球上种类最多的动物，占所有动物种类的85%。为什么节肢动物这么多？因为每一样节肢动物的小种类都特别多。比如蚂蚁，在地球上就有2万多种。地球上所有的鱼，不过也才2万多种。

　　蜜蜂和蚂蚁都喜欢群体生活。一窝蚂蚁有上千只，一群蜜蜂更多，好几万只。虽然多，但蜜蜂社会和蚂蚁社会都不乱，秩序好着呢。因为蜜蜂和蚂蚁都是分工明确的昆虫。

　　蜜蜂群里有蜂后、雄蜂和工蜂，蜂后和雄蜂不干活，只管繁衍后代。干活的是工蜂，工蜂负责采蜜、筑巢、照顾小工蜂。在蜂巢门口，有担任守卫的蜜蜂，不让外群的蜜蜂进来。如果有本群以外的蜜蜂想来偷盗蜂蜜，担任守卫的蜜蜂会立刻认出它，把它赶走。

　　蚂蚁跟蜜蜂非常像。每个群里都有蚁王蚁后，蚁王蚁后不干活，只管繁衍后代。工蚁负责干活。挖洞、找食物、伺候蚁王蚁后，照顾蚁后的卵，这些事都归工蚁管。一些大个的工蚁还要扮演兵蚁的角色，在蚂蚁洞受到侵犯的时候，出来战斗。

蚂蚁和蜜蜂还有一个共同点，它们都是建房子高手，这一点后面会专门讲。

蚂蚁喜欢搬家，蚂蚁搬家是一件很值得说说的事。能看到蚂蚁搬家的时候，一般都是阴天。所以过去很多人认为，蚂蚁搬家，是因为蚂蚁能预测下雨，怕雨水淹了自己的洞，所以要搬到淹不着的地方去。

蚂蚁搬家

　　这个说法现在有人怀疑它不对。难道蚂蚁开始建洞的时候，不考虑下雨，非要到下雨前才匆匆忙忙搬家？蚂蚁洞很大，可不是一时半会就能建好的。而且，蚂蚁也没有本事知道雨下多大，会积多深的水，它怎么知道搬去哪个地方能防雨呢？

　　有人仔细观察过，下完大雨，有些蚂蚁洞其实是被淹了的。但水干了以后，蚂蚁还是可以从洞里出来，说明蚂蚁没有被淹死。也说明蚂蚁洞本来就有防雨的功能，并不是不搬家就要被淹死。

　　蚂蚁搬家的原因，最大的可能是家族扩大。蚁后产卵很猛的，多的时候，一次能产几千只卵。所以，蚂蚁家族增长的速度非常快，一个洞很快就住不下，只能建新洞、搬家。那为什么要在阴天搬家呢？因为阴天没有太阳，不会在搬家的时候晒坏蚂蚁卵。

[软体动物好欺负]

　　软体动物的共同点是身体柔软，大部分有壳。这个壳是用来保护自己的，可是，很多时候，有壳也没用。

　　比如扇贝。扇贝有一种敌人，叫红螺。这种红螺会分泌毒素，使扇贝用来关闭外壳的肌肉麻痹，扇贝不能把壳合上，就只能任红螺把它吃光。如果扇贝遇到的是海星，那合上壳也不管用。海星长着带吸管的腕足，它能把腕足紧紧吸在扇贝的壳上，把两边拉开，然后吃肉。

　　红螺和海星还不是最狠的。扇贝的另外一种天敌海獭更可怕。海獭居然聪明到会用石头把扇贝的壳砸烂，然后吃里边的肉。这扇贝，也混得太惨了吧！

　　扇贝很惨，蜗牛比扇贝还惨。软体动物里，最常见的是蜗牛。潮湿的地方，有杂草树木的地方，很容易找到蜗牛。

　　有人开玩笑，说，当个蜗牛多好，生下来上帝就给个房子，不用花钱买。这话如果蜗牛能听懂，说不定会反驳的，给你个连转身都转不开的小房子，你喜欢住吗？

　　这是笑话啦，事实上，蜗牛应该对自己的小房子挺满意的。这小房子，最主要的作用是保护它，遇到危险随时可以缩进去。

在动物界里，蜗牛算是比较老实的，只吃植物。冬天冷的时候冬眠、夏天特别热的时候还夏眠，一年里头一大半时间都不出壳，在壳里边缩着睡觉。可是，没办法，它爬得太慢，肉又香，所以天敌特别多。

鸡、鸭、鸟、蟾蜍、乌龟、蛇、刺猬，都喜欢吃蜗牛。萤火虫更是把蜗牛当主食，萤火虫吃蜗牛的方法很绝。它会用身上的毒针扎进蜗牛身体，先分泌一种麻醉液，把蜗牛麻醉，让蜗牛不能缩回壳里。然后，萤火虫再注入消化液，把蜗牛肉变成汁，慢慢吸。

蜗牛

鱿鱼

扇贝和蜗牛还有一个共同的天敌——人。人爱吃扇贝，人也喜欢吃蜗牛。过去是欧美人喜欢吃，尤其是法国人，把蜗牛当大餐。现在，中国吃蜗牛的人也越来越多。蜗牛的肉据说营养价值很高，高到什么程度？蜗牛与鱼翅、干贝、鲍鱼并列为世界上最有营养的四大名吃，而且蜗牛排在第一位。不过，可不要随便逮只蜗牛就吃哟，蜗牛有很多种，只有极少数可以吃。

还有一种软体动物更惨，连壳都没有，那就是鱿鱼。鱿鱼虽然名字里有"鱼"字，但它不是鱼，它是软体动物。它还偏偏是一种肉质鲜美的软体动物，所以，你知道的，它最大的天敌是谁？还是人。卖烤鱿鱼的人、爱吃烤鱿鱼的人，太多啦。

[动物的寿命]

　　动物的寿命差别很大。最短的只能活几个小时。最长的，过去大家以为是乌龟，后来有人发现灯塔水母可以无限繁殖，除非被其他动物吃掉，否则它就是"永生"的。

　　咱们按照前边提到的动物分类来讲。

　　先说哺乳动物。除了人，哺乳动物活得最长的是大象，大象能活 60～70 岁。其他大多数哺乳动物，像老虎、狼、狗、猫、猪等，寿命在 10～20 岁。狗熊和马寿命长一些，可以活到 30 岁。最短命的哺乳动物是生活在日本北海道的一种老鼠，只能活 8～10 个月。

　　大象体型庞大，活得最长，是不是代表个子越大活得越长呢？应该不是，蓝鲸是世界上体型最大的哺乳动物，也是体型最大的动物，它的寿命只有 8 年。

　　再说鸟。丹顶鹤又叫仙鹤，这种鸟在中国被当做长寿的象征，它能活 50～60 岁。这个岁数的确比一般的鸟高得多，普通的小鸟寿命只有 5～20 岁。但丹顶鹤并不是最长寿的鸟，活得最长的鸟是咱们前边讲到过的金刚鹦鹉，能活 80～100 岁。鹦鹉是鸟类中比较长寿的，普通鹦鹉很多也能活到 60 岁。

　　鹰的寿命也超过丹顶鹤，鹰能活到 70 岁。短命的鸟，是蜂鸟和翠鸟。翠鸟的生命通常是 2 年，有些小的蜂鸟，只能活 1 年。

爬行动物比较常见的有蛇、乌龟和鳄鱼。大多数蛇的寿命不算长，是 5～20 年。

乌龟的寿命，正常是 150 年，但 300 岁的乌龟并不少见，据说还有 1000 年的乌龟。鳄鱼呢？不要小看鳄鱼，鳄鱼的寿命跟乌龟有一拼，鳄鱼的正常寿命也是 150 年。

青蛙是最常见的两栖动物，青蛙的寿命在 5～10 年之间。牛蛙比较牛，能活过 15 年。

蛇

鳄鱼

乌龟

大多数鱼的寿命，类似于普通的小鸟，在 5～20 年。家里养的金鱼，通常能活 6～8 年。常见的鱼里，鲤鱼算比较长寿的，可以活到 40 岁。有一种彩色的锦鲤，能活到 70 岁。

咱们再来讲讲昆虫。昆虫不能不讲，因为昆虫家族大、种类多。节肢动物种类占所有动物的 85%，节肢动物中差不多 85% 是昆虫。昆虫虽然多，但是不长寿，蝴蝶、蜻蜓活不过 1 年。蜜蜂里的工蜂只能活几个月，蜂后可以活 4～5 年。相比之下，蚂蚁算是比较长寿的昆虫，普通的工蚁活 5 年，蚁后能活 20 年，是昆虫界的老寿星。

寿命最短的动物也是昆虫，它是一种叫蜉蝣的、长翅膀的小昆虫。蜉蝣活不过一天，短的只有几个小时。蜉蝣的幼虫生活在水里，幼虫还知道吃东西，等长成真正的蜉蝣，就不吃东西了，因为成虫蜉蝣根本就没有嘴和胃。

蜗牛的寿命长不长？不长，蜗牛的正常寿命是 3～5 年，正常寿命有个前提，它不能提前被那些天敌给吃掉。蜗牛天敌太多，相当一部分蜗牛活不到正常寿命。

软体动物那么弱，是不是寿命都不长？也不是。不能小看软体动物，它们也有长寿的，比如上地理课的时候讲过最大贝壳是砗磲。大的砗磲，连壳带肉能长到 300 千克，活 80～100 岁呢。

[动物的房子]

缝叶莺

　　动物里有建房子专家，超牛的建筑师。不过动物建筑师跟人类建筑师不一样，它们只给自己建房子。

　　先来说说鸟，鸟筑巢首先是为了它的孩子。鸟是孵蛋的，鸟蛋必须产在稳当、安全的鸟巢里，不然，鸟蛋乱滚的话可就麻烦啦。鸟筑个巢不容易，一只喜鹊筑一个巢，通常需要4~5天，这4~5天里，它需要来来回回飞600多次，才能准备齐筑巢的原材料。

　　有一种会偷懒的鸟，叫缝叶莺，这种鸟用缝树叶的方法筑巢。它通常会选两片芭蕉叶之类的大树叶，用它的长嘴在树叶边缘打出一些小孔，再用植物纤维或者人类扔掉的细线，把两片树叶缝合起来。

缝叶莺不但会打孔穿线，神奇的是，为了防止线脱落，它会给线头打结。两片树叶缝好，就是一个口袋型的巢。缝叶莺还聪明到把鸟巢做成倾斜的，防止雨水淋进来。树叶老了会干枯掉落怎么办？缝叶莺也有办法，它会找来一些细草，用草茎把叶子柄系在树枝上。

织布鸟

缝叶莺够神的，织布鸟比它更神。缝叶莺还只是缝叶，织布鸟直接用编织的办法筑巢。织布鸟筑巢的过程是这样的，先找一段结实的树皮在树枝上打个结挂住，然后找来一根根植物纤维，一条线一条线地穿过去、拉紧，跟人类织毛衣的方法很像。区别是，人类有两只手，还有织针，织布鸟只有嘴和爪子。

织布鸟织巢是从上往下织，所以织好的巢是向下开口的。这种巢吊在树上，比一般的鸟巢更怕风。怎么办呢？织布鸟有办法，它会往巢里衔泥块，增加巢的重量。

在中国的海南和一些南亚国家，有一种金丝燕。这种金丝燕在筑巢上花的心血，不比织布鸟少。它们用口腔里分泌的一种胶质唾液筑巢，这种巢叫燕窝。燕窝早在很多年前就被人类盯上啦，因为它营养高，又能治病。被人类盯上可不是好事，那是金丝燕的窝啊。后来金丝燕为了防人，总是把窝建在悬崖峭壁上。

昆虫里的盖房子专家，咱们前边提过，蜜蜂和蚂蚁都是。蜜蜂用蜂蜡筑巢，筑巢之前，工蜂们先大吃一顿蜂蜜，然后开始从肚子上分泌蜂蜡，建造一个一个连在一起的六边形小蜂窝。六边形的蜂窝结构是最省材料又最结实的形状，这一点被人学去用于制造飞机的机翼和人造卫星的机壁。

蜂巢下边不是有个底盘吗？所有蜂巢底盘都是菱形，而且都是角度大小固定的菱形。科学家们算过，要用最少的材料，建最大的菱形，就必须是蜂巢用的这种角度。这些数学知识，蜜蜂是怎么知道的呢？人类还没弄明白。

蜜蜂

建房子这事，蚂蚁也牛着呢，尤其是白蚁。一般的蚂蚁是挖洞，白蚁则是盖楼，正儿八经地盖楼。非洲的荒野里，有非常多白蚁盖起的高楼，这些楼高 5～7 米，由十几吨土建成。楼里住着几百万只白蚁，里面有通道，有密密麻麻、大大小小的房间，甚至还有小型农场，用来饲养一种白蚁爱吃的霉菌。

哺乳动物里，老鼠最爱打洞。鼹鼠又是老鼠里打洞热情最高的。鼹鼠的洞，密密麻麻、四通八达，像一处地下迷宫，但鼹鼠自己从来不迷路。鼹鼠的隧道迷宫其实是它的捕食机关，专门用来困捕误入其中的蚯蚓、地下活动的昆虫、甲虫之类。这些动物在地下挖洞的时候，一不留神就会打通掉进鼹鼠洞，成为鼹鼠的猎物。而且鼹鼠不怕多，吃不完的话，它的洞里还有储藏室。

更聪明的是土拨鼠，也叫草原犬鼠，它的洞穴号称空调老鼠洞。土拨鼠的洞有两个口，一个高，一个低。上边有风吹过的时候，两个口的风力和空气压力不一样。风就会从一个洞口进去，再从另一个洞口出来，像是给洞里装了空调。

土拨鼠

[动物迁徙：
跑来跑去不嫌累]

　　迁徙说的是动物定时定点搬家。定时指时间固定；定点指地点固定，固定地点、固定路线。

　　人类以前也迁徙，但人类迁徙不会来来回回折腾。人类迁徙是为了找好地方，找到好地方，待那就不走了。不像动物迁徙，每年都要来回折腾。

　　迁徙的动物很多。有地上跑的，有天上飞的，也有水里游的，咱们一一讲。

　　先讲地上跑的。北欧有一种驯鹿，每年春天都会往北走，这是一趟长途跋涉。走多久呢？两个多月，上千千米。一直走到北边凉爽的牧场，在这里过完夏天、秋天，生下小鹿。冬天来临时再往回走，到南方过冬。

　　青藏高原上藏羚羊的迁徙有些奇怪。只有雌羚羊迁徙，雄羚羊不参与。雌羚羊要走上一个月，到一个固定的地方生下小羚羊。可是它们去的这个地方，又高又冷，草并不比之前的地方好。而且路上一直有狼、熊啊什么的，很危险。藏羚羊为什么要这么做，还没人弄明白。

　　最大的哺乳动物迁徙在非洲。每年有几百万头斑马、角马、羚羊，浩浩荡荡，跋涉 3000 多千米，横穿非洲大陆去找更茂盛的草。每年的七八月，在非洲的肯尼亚和坦桑尼亚，都能欣赏到这样的奇观。最壮观的场面是动物们在肯尼亚强渡马拉河。马拉河河水急，比水流更可怕的，是河里那些专心等待迁徙动物的鳄鱼。迁徙动物是鳄鱼的美餐，每年有数以万计的迁徙动物在渡河时被鳄鱼吃掉。

迁徙的鸟类很多，像鸿雁、燕子、天鹅、丹顶鹤，还有企鹅。鸿雁的迁徙最好看，一群鸿雁排着队在天上飞。队形整整齐齐，有人字形，有一字形，特别引人注目。古代中

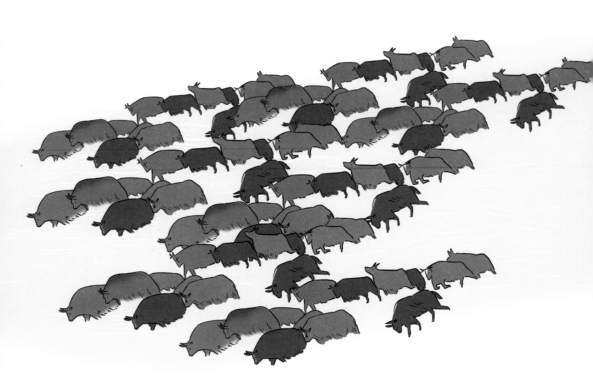

动物大迁徙

国寄信不方便，经常有人看着天上的鸿雁想，这鸿雁要是能帮人带信多好啊。

虽然鸿雁不能真的带信，但"鸿雁传书"这种说法，还真在中国历史上起了一回作用。汉朝的时候，北方匈奴扣押了一个汉朝的使者，叫苏武。苏武孤苦伶仃地在匈奴一片荒凉的湖边放羊。后来汉朝跟匈奴关系和好，汉朝跟匈奴要人，匈奴不想给，说人已经死了。汉朝人知道苏武没死，就说别骗人，我们收到苏武用鸿雁捎来的信，说他还活着呢。这样，苏武在匈奴放了二十多年羊以后，终于活着回到汉朝。

迁徙的鸟，最猛的是北极燕鸥，这种鸟每年在地球的南极和北极之间飞，来回两趟，加起来要飞8万多千米。北极燕鸥的老家在北极，巢在北极，生孩子也在北极，每年北极的秋天到来时，开始往南飞，一直飞到南极。等北极的下一个春天来临时，再飞回来。北极燕鸥的寿命在20～30岁，算起来，一只北极燕鸥一辈子迁徙飞的里程数，够在地球月球之间往返好几趟。

蝴蝶也会飞，但蝴蝶不是鸟，它是昆虫。蝴蝶的翅膀弱，比不了鸟类，可是，有一小部分蝴蝶也迁徙。在中国的云南、台湾、海南，都出现过几十万只蝴蝶集体迁徙的景观。北美洲有一种帝王蝶，每年从加拿大和美国飞去南方的墨西哥过冬，最远的飞翔里程是4000多千米。

　　跟地上跑的和天上飞的比，水里游的动物迁徙起来难度更大。鱼的迁徙叫洄游，绝大多数是从下游往上游去，逆着水游。如果遇到水里有坡有坎，还得跳过去。加拿大有一种三文鱼，每次洄游到终点的时候，往往全身红透，据说是因为过坎的时候用力过猛，崩裂了血管，鲜血把整个身体染红了。这些三文鱼在终点完成产卵以后，很快就会在这里死去。

　　中国东北的黑龙江里，盛产一种肉质鲜美的大马哈鱼。这种鱼也有洄游的习性，它们要从3000多千米外的北太平洋，一路逆流而上，来到黑龙江产卵，产卵完成后死亡。2个多月后，小的大马哈鱼会孵出来，在第二年春天，顺江而下，到北太平洋生活。性成熟后再洄游来黑龙江产卵。

大马哈鱼

[动物的逃生术]

动物活着的目的是什么？三个：活着、吃饱、养孩子。

这三个里边，第一位是活着。动物和人一样，会遇到危险。为了能够摆脱危险活下去，很多动物有防身绝技。

乌贼的绝技你应该知道，它在遇到强敌的时候，会从体内喷出黑色的墨汁。这个墨汁来得并不容易，它是乌贼体内死去的黑色细胞，被乌贼藏在墨囊里，留着关键的时候用。遇到危险，乌贼一般能连续喷放五六次墨汁，持续十几分钟。这一招非常厉害，所以一般海底生物要逮住一只乌贼很不容易。除了咱们讲过的那个特别聪明的动物——海豚。

乌贼喷出墨汁，海豚会绕过去追。乌贼再喷，海豚再绕过去追。乌贼喷到最后一次，会藏在这一团黑雾里，躲着。海豚不傻，它不走，一直守在黑幕旁。直到黑幕消散，乌贼现形，海豚扑上去把它拿下。海豚吃乌贼很刁的，只吃头，其他的部位不动。

黄鼠狼很恶心，它的自我防卫办法是放臭屁。如果有猎狗追，快追上的时候，黄鼠狼从屁股里"扑扑"放一通臭屁，趁狗被臭晕的功夫，赶紧逃。还有一种臭鼬，喷出来的是液体，比黄鼠狼的臭屁还臭，而且可以喷出三四米远。能把猎狗熏得直流鼻涕，严重的时候甚至会使猎狗昏迷。

遇到鲨鱼的乌贼

　　螃蟹、蚂蚱如果被敌人捉住腿，它们舍得下，会挣开逃走，把那条腿留给敌人。壁虎比它们厉害，壁虎是主动留下一根尾巴，自己弄断的。这根尾巴上留有神经，断下来还能动，卷来卷去吸引敌人，帮助壁虎逃生。

　　海参的办法比它们都猛。遇到敌人的时候，海参会把肚子里的内脏全都吐出来，给对方吃，趁着对方享受美餐，赶紧逃走。要经过 50 天，海参才能重新长出一副内脏。海参的寿命是 8～10 年，吐一次，能再活好几年的话，也算值了。

　　生活在美洲的负鼠最狡猾，它知道躺下来装死，四脚朝天，龇牙咧嘴，瞪着两眼，整个一死老鼠。一般的动物对死老鼠都没兴趣，看到它，掉头就走。

负鼠靠装死，刺猬则是靠吓人。刺猬在遇到危险时，会竖起全身的刺，把头和脚都藏在里边。其实只是吓吓人而已，刺猬是一种性格很温顺的动物，没有什么攻击性。要抓刺猬很简单，把它翻过来，用绳拴住，拎着走就行。

蚂蚁遇到火的逃生方式，很让人震惊。它们会抱成一大团往外滚。外边的蚂蚁一层一层被火烧死，但里边的蚂蚁就可能活下来。这种死一批救一批的办法，在其他动物身上很少见。

有一些动物靠伪装自己，提前躲避危险。它们把自己伪装得跟周围环境差不多，敌人很难发现，这种方法在生物学上叫"拟态"。中国有一种蝴蝶，当它停下来的时候，跟枯树叶一模一样，所以它的名字就叫枯叶蝶。

枯叶蝶

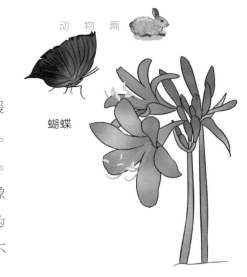

蝴蝶

还有竹节虫，竹节虫行动缓慢，对敌人没有什么反抗能力。它的办法是白天趴在树枝上不动。趴着不动的竹节虫，有些品种像竹节，少数品种像树叶，都是为了哄骗敌人。到晚上，敌人看不见，竹节虫再动起来找吃的。

动物们不但逃生有术，有些还会给自己治病呢。猫和狗为什么舔身上的伤口？它们在用唾液给伤口消毒。野兔受伤流血的时候，会找蜘蛛网，把蜘蛛网缠在伤口上止血。人们后来研究蜘蛛网，发现蜘蛛网确实有止血镇痛的作用。

一些热带雨林中的猴子，如果得了疟疾，会啃一种金鸡纳树的树皮，这种树皮中含有"奎宁"成分，"奎宁"正是人用来治疗疟疾的特效药。

野生动物们在野地里生活，最爱得皮肤病，长癣。人长了癣会痒，动物也一样。动物怎么治身上的癣？洗泥浴。为什么野猪、野牛喜欢到泥浆里打滚，它在洗泥浴。洗完泥浴，再晒日光浴，反复几次，身上的癣就慢慢治好了。

獾和熊不洗泥浴，它们洗温泉。小獾身上长了疮，母獾会带它去洗温泉。温泉水可以杀菌消毒，很快就能治好小獾的疮。洗温泉的熊，一般是年龄大的熊，据说它们是在治疗老年性关节炎。

[已经灭绝的明星动物]

知道什么是琥珀不？几千万年前的树脂，被埋在地下，变成化石，就是琥珀。树脂是黏稠的液体，里边很容易混进昆虫或植物碎末。这

琥珀

些古老的昆虫或植物碎末往往会被琥珀完好地保存下来。

有位科学家，找到一个恐龙时代树脂形成的琥珀，这琥珀里有只蚊子，恐龙时代的蚊子。这只蚊子相当厉害，它当年吸过恐龙的血。而且被它吸过血的恐龙不是一只，也不是一种，而是很多只很多种。

这位科学家从蚊子的血液里提炼出恐龙基因，成功克隆了各种各样活的恐龙。飞的、爬的，吃草的、吃肉的，都有。科学家把这些恐龙放在一个岛上，这个岛成了恐龙公园。

可是，有一天，岛上的安全系统出了故障。恐龙们集体冲破防护网，开始袭击人类。很快，岛上的人，被吃得不

剩几个。

别怕，这是说的一部科幻电影，叫《侏罗纪公园》。只是科幻而已，现在的科技水平还没有能力克隆出活的恐龙。

如果真有这种科技水平，相信大多数人会同意克隆恐龙，谁不想见见这种传奇动物？当然，安全系统要做得好一点。

如果真有这种科技水平，恐龙要克隆，还有两种生物也应该克隆。它们同样大名鼎鼎，一脸明星相，经常在电影里出现。它们就是剑齿虎和猛犸象。剑齿虎和猛犸象都曾经和早期的人类同时存在过，如今这两种动物都已经灭绝。

剑齿虎长着一对剑形大长牙，有 20 厘米长，闭嘴的时候长牙会露在外头，非常威武。猛犸象又称长毛象，身上长着长长的毛。这两种动物灭绝的原因，目前还没有确切的结论。猛犸象可能是因为不适应后来变热的天气，剑齿虎则可

剑齿虎想象图

能是被它的大牙害了。

　　剑齿虎习惯于用它的大牙捕猎跑得慢的大型食草动物，把大牙扎进猎物的身体，很快猎物就会因为失血过多而死。但是因为大牙用得太方便，剑齿虎没有练出快速奔跑和捕猎小动物的本事。后来，气候变化使得某个阶段大型食草动物数量非常少。剑齿虎因为缺乏食物，只能逐渐走向灭绝。

　　如果有机会，更应该克隆一下始祖鸟和三叶虫。这两位虽然长得不如剑齿虎和猛犸象帅，但它们在动物进化史上的地位，比剑齿虎和猛犸象要重要得多。

　　始祖鸟咱们前面讲过，它是所有鸟类的老祖先，又正

猛犸象想像图

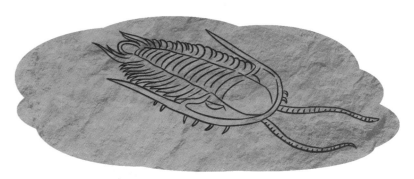

三叶虫化石

好处在从恐龙向鸟进化的中间位置，长得半恐龙半鸟。

　　三叶虫长得像三片连在一起的叶子，所以叫做三叶虫。三叶虫曾经是地球上绝对的老大，统治地球长达 3 亿多年。咱们讲过，地球上的动物，节肢动物占 85%，三叶虫是元老级的节肢动物，也是很多节肢动物的祖先。这位老先生灭绝于 2 亿年前，它灭绝的原因科学家不是非常清楚。只知道三叶虫灭绝以后，地球上才有了恐龙。

[有毒的动物]

石头鱼

海水里藏着有毒的动物。

在亚洲附近的海域，有一种石头鱼。这种石头鱼大概30厘米长，喜欢躲在海底或礁石堆里，冒充石头。石头鱼身上有很尖的刺，一旦被人踩中，或者碰到人的其他部位，这些刺会分泌毒液。被石头鱼的毒刺刺中，最大的特点是疼，超级疼。甚至会让人疼到无法忍受，要求医生替自己截肢。

澳大利亚有一种箱型水母，这种水母的形状像个箱子。箱型水母是一种杀人水母，它长着很多触须，最长的触须长达3米。这些触须里，藏着几千个毒针。人一旦被这种毒针刺中，根本无药可救，几分钟内就会死亡。最近几十年以来，澳大利亚平均每年有2个人死于这种水母，基本上都是在海滨浴场游泳时，被窜到浴场里的箱型水母毒死的。

海水里还有一种长着蓝圈的章鱼，叫做蓝圈章鱼。这是一种有毒的章鱼，身上的蓝圈越蓝，毒性越大。一旦被这种章鱼咬到，人会在半小时内因为肌肉瘫痪、呼吸停止，窒息而死。一条这种章鱼体内的毒素，多到可以让二十几个人同时被毒死。

这几种海洋动物虽然剧毒，但伤到人的概率比较小，所以它们的伤人指数是四颗星。

陆地上有毒的动物更多。

先说蝎子。蝎子历史悠久，它们已经在地球上生活了4亿多年。蝎子的毒针是捕食用的，蝎子用毒针里的毒液杀死昆虫，然后慢慢吃。绝大多数的蝎子毒液不足以伤人，只会让人疼痛。只有极少量的蝎子，比如一种巴基斯坦毒蝎，可能引发肌肉瘫痪、呼吸停止。

陆地上蝎子的数量很多，毒蜘蛛的数量也多。跟蝎子一样，毒蜘蛛的毒液会让人产生剧痛，尤其是黑寡妇毒蜘蛛，要疼好多天。好在毒蜘蛛的毒跟蝎子的毒差不多，一般

蜥蜴

蜥蜴

不会致人死地。

蝎子和毒蜘蛛虽然不太毒，但这两样东西数量大，蜇人的次数多，所以它们的伤人指数也是四颗星。

蜥蜴跟蛇是近亲，都是爬行动物。有意思的是，大多数蜥蜴产卵生子，少部分蜥蜴却已经进化到可以直接生出小蜥蜴，有了哺乳动物的特征。有毒的蜥蜴只剩下极少的几个品种，大多存在于北美洲，中国还没发现过。没毒的蜥蜴其实很好玩，很多人养着当宠物呢。

蜥蜴的伤人指数是三颗星。

哪种有毒动物的伤人指数应该排五星？当然是蛇，毒蛇。

蛇的分布遍及全球，还没听说哪个国家没有蛇。全世界共有3000多种蛇，其中毒蛇有600多种，中国的毒蛇有60多种。

过去，人们认为最毒的蛇是眼镜蛇，这种蛇在竖起头部吓人的时候，背上会出现一对黑白花纹，像一副眼镜，所以被人叫做眼镜蛇。被眼镜蛇咬到的人，如果没有及时治疗，会在 6~12 个小时内死亡，死亡的原因是呼吸停止。如果能够及时注射抗蛇毒血清，加上辅助呼吸，多数时候是能够救活的。只是人被蛇咬伤的时候大多在野外，很难获得治疗的机会，据说，在东南亚和南亚，每年有上千人因为被

海蛇

眼镜蛇咬伤而死亡。

后来，人们发现陆地上最毒的蛇，不是眼镜蛇。而是生活在澳大利亚的澳洲泰斑蛇，这种蛇用剧毒来形容貌似都有些不够了，一条泰斑蛇的毒，可以杀死几十万只老鼠。这哪是蛇毒啊？简直是核武器。

澳洲泰斑蛇只是陆地上最毒的蛇，毒蛇中真正的毒王在海里。有两种海蛇，毒性比澳洲泰斑蛇还大。它们也都生

活在澳大利亚，一个叫澳洲艾基特林海蛇，另一个叫贝尔彻海蛇。这两种海蛇的厉害之处在于，它们的蛇毒不需要通过血液，而是直接作用到人的神经。一个人如果被这两种蛇咬到，几分钟内就会死亡。

有一个问题，既然蛇有毒，为什么有些动物吃了蛇反而没事呢？这得先看蛇毒是怎么起作用的，大多数蛇的毒素，在于它进入血液循环或者神经系统，破坏血管、心脏或神经的功能。但吃毒蛇是另外一回事，蛇毒进不到血液里，而是进到胃里，胃可以分解蛇毒，还能把蛇毒当成一种营养物质消化。有人专门吃蛇毒呢。不过，吃蛇毒的时候，如果口腔里有伤口，给了蛇毒进入血液循环的机会，那就非常非常可怕啦。

[给人打工的动物]

中国有句古话：下辈子给你当牛做马。这句话是什么意思？对你说这话的人愿意下辈子好好伺候你。这句话还说明，大家都认为，给人打工干得最好的、最累的，是牛和马。驴也干得不错，但人好像对驴印象不太好，所以即使是下辈子也不愿意当驴。

牛、马、驴都是从野生状态驯化过来的，驯化的时间都是 5000 ~ 6000 年，比狗短得多。有意思的是，牛是亚洲人驯化的，马是欧洲人驯化的，驴是非洲人驯化的。

牛的作用是耕地，也有用它拉车的；马的作用是被人骑和拉车；驴个子最小，但是既要拉车，也要被人骑，还要干一件很无聊的活，拉磨。知道什么是拉磨不？驴绕着石磨一圈一圈推着磨盘转，把磨上的粮食磨碎。聪明一点的驴发现自己走了半天只在原地打转，有时候会停下来不走。人有办法，骗驴，给拉磨的驴蒙上眼睛。驴就不知道了，吭哧吭哧转着圈推磨，还以为自己是往前走呢。

动物被人弄来干活，很多时候是因为它们有特殊的能力，这个能力人类没有。比如当警犬的狗，狗鼻子实在是太

警犬

灵了。闻一下某个人的味道，就能在人群中把他追出来。即使面前放着一大堆行李，也能把藏在其中的毒品找到。为什么狗的嗅觉这么灵？因为狗鼻子里的嗅觉细胞比人多得多。而且，狗的脑子里有一块专门用来存放嗅觉记忆的地方，据说，这里可以存上万种气味，每种之间都不混淆。

鸟也有特殊的能力。那些迁徙的鸟，为什么能够飞几千千米还不迷路呢？这个问题，科学家提出了无数假设，可惜还没有得出最后结果。不迁徙的鸟也神奇，有一种鸽子，它不迁徙，但无论把它带多远，它都能回家，而且它一定要回家。这种鸽子，在古代被用来送信，又快又准，所以叫信鸽。古人出门打仗前，带一批信鸽，每次该往家报信了，就在腿上绑一封信，放飞。信鸽不乱跑，它只往家飞，准确地把信带回去。

长途跋涉的人，最喜欢使骆驼。骆驼的优点你应该知道，可以长时间不吃东西，依赖驼峰里的脂肪维持生命。所

以骆驼特别适合走沙漠，路上没东西吃，忍着。到有东西吃的地方一次多多吃，存起来。亚洲产的双峰驼最厉害，它们可以十多天不吃东西不喝水。到了有水的地方呢，一次喝上50多升。50多升，能装满三个饮水机用的大桶。

人类吃蜂蜜，蜜蜂算不算给人打工？不算。给人打工，得有报酬。牛啊、马啊、驴啊，给人干活，人至少要给点吃的，能混口饭吃，混个地方住。但蜜蜂就不是了，蜜蜂吃的花粉不是人给的，蜂巢也是自己建的，可是酿的蜂蜜要被人拿走。对蜜蜂来说，等于被抢了，这待遇哪能跟那些打工的比。

中国古代的时候，曾经流行过斗鸡和斗蛐蛐。有人拿它们赌钱，斗赢了的，主人可以赢钱，这些鸡和蛐蛐算打工，直接给主人挣钱。而且它们算打工打得好的，因为主人在乎它们，吃的住的都不错。

给人类打工这事，确实可以分出好坏。混得最惨的，不是中国的驴，而是西班牙的牛，斗牛。虽然被人养着，可是它的工作是被人斗，要拿自己的命表演，不死不算完成任务。这种牛的命运，还不如一头累死累活的驴。

知道给人类打工这事，谁混得最好不？是马，用来比赛的马。参加马术比赛和赛马比赛的马，往往价值几百万，

几千万。不是人民币，是欧元。折算成人民币的话，很多赛马身价过亿。这些马配有营养师、保健医生、专业马房。在吃、住和看病上，不知道要比那些拉车的马好多少倍。

植 物 篇

[植物很疯狂]

植物很疯狂·泡泡（七岁）配图

动物凶猛好理解，植物很疯狂吗？是的，植物很疯狂。

一座正常的城市，如果没了人，会怎么样？会被植物占领。如果没有人管理，砖缝里、马路边会很快长出野草。你可能会说，柏油马路、铺水泥地砖的地方应该没事吧？那种地方长不出植物。

不是这样的，有两种不太起眼的植物，苔藓和地衣。它们是趴在地上长的，它们在生长时能释放苔藓酸和地衣酸，这些酸性物质的腐蚀能力很强。强到什么程度？把岩石变成土壤。地球上的土壤，绝大部分来自于这些苔藓地衣腐蚀、分化的石头。水泥地砖、柏油马路挡不住它们。

最多 5 年，没人走的公路就会长满野草。用不了 10 年，城市里的公园就会长出一棵又一棵大树，变成森林。如果气候足够好，整个城市的最终命运也是变成森林。

柬埔寨的吴哥窟是一个好例子。吴哥窟是
一座被遗弃的王宫，几百年后人们重新发现吴
哥窟时，它已经被淹没在一片热带雨林之中，

住在周围的人竟然不知道它。被发现时，古城和宫殿都不见了，只剩下一些断墙，以及覆盖在草木之下的街道轮廓。很多断墙被粗大的树根、古藤包围，像是从树里长出来的。

植物为什么能如此疯狂？看看植物们如何传播种子就知道啦。

刚才说，没人走的公路，5 年就会长满野草。这些野草里，一定有蒲公英。因为蒲公英传播种子的方法很牛，它给每一粒种子都配上一把降落伞，随便来股风，就能吹得到处都是。柳絮、杨絮做的也是同样的事情。

有伞的撑伞，有船的坐船。莲子熟了坐船，莲蓬就像是船，带着成熟的莲子顺水漂流，也能漂得很远。苍耳的办法是给种子上加刺，趁动物经过的时候赖在它们身上，让它们帮着把种子带到其他地方。大豆和油菜的种子走不了那么远，它们有自己的办法，熟了以后，炸开外面的壳，把种子尽可能崩得远一些。

樱桃最绝，樱桃为什么长得那么鲜艳，那是给鸟看的。鸟看见樱桃，吃下去。里边的樱桃果很硬，消化不了，会跟鸟粪一起出来。你知道鸟是乱拉的，樱桃种子呢，也就啥地方都跟着去啦。

除了传播种子的手段，植物疯狂的地方有很多，后面咱们还要讲。

你们这么大的小孩，通常都知道不少动物知识，但是

花生

植物知识要少一些。你哪天不妨在班里做个测验，问问你们同学花生怎么长，看看是不是有人认为花生是树上结的。其实花生长在地下，而且花生是一种非常非常奇怪的植物，它居然在地面上开花，在地底下结果。你知道么？花生身上还有个很好玩的事。花生原产地是南美洲，500年前还没传到中国，所以，明朝之前的中国人，是没有见过花生的。可是有些拍古代戏的导演没常识，在电视剧里让汉朝、唐朝，甚至更早的人物吃花生，好笑又丢人。

没常识就会弄出好笑的事。古代，有个中国人去外地当官。人家请他吃菱角，吃的时候问他："你们老家有菱角么？"这人充大个，说："有，有。"他看菱角长得尖尖带刺的样子，想着这东西肯定是长在山里的。又说："我们那，山前山后都是菱角。"请他吃饭的人听了这话，不知道该说什么啦。因为，菱角是长在水里的。

[土豆曾经
改变世界]

美国有 3 亿多人口，其中爱尔兰后裔 6000 多万人。为什么美国有那么多爱尔兰人呢？这事跟土豆有关。

土豆起源于南美洲，南美洲种土豆的历史很悠久，至少在 2000 年前就有了。不过一开始只在南美洲有，直到几百年前，欧洲人占领南美，才把土豆这种植物带回欧洲。

可是欧洲人开始不待见土豆。有人觉得这种食物长得太别扭，有人担心它有毒，还有的人认为，这是圣经上没提到过的食物，所以不能吃。

最开始种土豆的欧洲人，不是种来吃的，干吗呢？当花养，有人觉得土豆花很好看。

最早真正接受土豆的，是欧洲的爱尔兰人。因为土豆有两大优点，特别适合爱尔兰。一是土豆可以在寒冷、干旱的地方长；二是土豆的产量高，比小麦、水稻的产量高好几倍，而且生长的时间比小麦、水稻短得多。爱尔兰那会是个穷国，它的地理位置靠北，天气冷，种别的粮食收成很少。而且当时的爱尔兰老打仗，乱，种地的人少。粮食不够吃，经常发生饿死人的事。

　　所以爱尔兰人很快接受了土豆。因为如果种别的粮食，要好几亩地才能养活一个人。种土豆呢，因为土豆产量高，1 亩地的土豆就能养活一个人。所以，土豆让爱尔兰人能吃饱饭，救了爱尔兰人。那时候的爱尔兰，特别流行种土豆。

　　但是，100 多年前，爱尔兰出现了一种土豆病菌，这种病菌对土豆有致命的作用。传染这种病菌以后，几天时间，田里的土豆就会死掉变黑变臭。这种土豆病菌在爱尔兰全国快速蔓延，使得爱尔兰的土豆田几乎没有收成，那一年饿死

土豆

了上百万人。有将近 200 万人不得不离开爱尔兰，漂过大西洋，移民美国。土豆引发了移民潮，这是为什么美国有那么多爱尔兰后裔的原因。这将近 200 万的爱尔兰人，经过 100 多年，在美国发展到 6000 万人。

欧洲其他国家慢慢接受土豆，多数也是因为粮食饥荒。粮食不够吃的时候，大家才发现土豆的价值。同样的一块土地，种土豆能养活的人，比种小麦、稻子多好几倍。在普鲁士、波兰、俄罗斯这些国家，最初推动种土豆的，居然是国王或者政府。

欧洲人吃土豆，开始是不得不吃，后来越吃越好吃，逐渐变成离不开土豆。现在，欧洲很多国家的人，是把土豆当主食吃的。在俄罗斯，没有土豆做不出俄式大餐。德国则有土豆节和好几个土豆博物馆。

土豆从欧洲传入中国。在中国，土豆也扮演过救命的角色。尤其是在寒冷干旱的中国西北地区。越是寒冷、干旱的地方，越能显出土豆的价值。中国历史上也出现过粮食灾难，饿死了很多人。那年代，给人一包土豆，甚至给人一个土豆，往往就能救活一条人命。所以，很多地方的中国人养成了种土豆的习惯。目前，中国是全世界土豆产量最大的国家。

世界上还有很多粮食不够吃的国家，所以联合国号召各国多种土豆。联合国曾经把 2008 年命名为"世界土豆年"，希望借此推动更多土豆种植，让更多人有饭吃。

最初的南美人，喜欢把土豆切成片，晒成干土豆片。后来，土豆被开发出无数种吃法。全世界有多少种土豆吃法？我不知道。我只知道，要用到土豆的中国菜，就有600多种。

土豆的吃法里，炸土豆片的流行程度非常高。这种吃法源自美国。100多年前，一个美国富豪去一个度假村里吃饭。餐厅上了一份炸土豆，这人吃了几口，觉得很难吃，退回了厨房，理由是土豆太厚。

做的菜被人退回来，厨师觉得没有面子，很生气，决定羞辱一下这个富豪。厨师把土豆切成超级薄片，放在油锅里随便一炸，炸完以后，撒点盐重新端上去。这是从来没有过的土豆做法，厨师也不认为这样做好吃。厨师的意思是，你不是嫌厚吗？给你来个超薄的，难道你觉得这样的好吃？结果呢？富豪真觉得好吃。岂止是他觉得好吃，几乎人人都觉得好吃。从那天开始，炸土豆片流行起来。

[植物养活全世界]

世界上所有的动物，包括人，要活着都得干两件事：喘气和吃。这两件事都离不开植物。

先说喘气，动物吸入氧气，呼出二氧化碳。如果地球上只有动物，那一定是氧气越来越少，二氧化碳越来越多。事实上，地球的大气层里氧气和二氧化碳的总量变化一直不大，这是因为植物在做相反的事。

植物身上有一种叫叶绿素的东西，叶绿素一般长在植物的叶子上。在光的照射下，叶绿素会起到光合作用，吸入二氧化碳，排出氧气，同时给自己制造生长所需要的营养物质。这种叶绿素很好玩，它的名字里带个绿字，可它最讨厌绿色。如果拿绿光照它，它只会有极其微弱的光合作用，基本上算是不干活。

再说吃，人和动物吃什么？吃动物、吃植物，或者两样都吃。被吃的动物吃什么呢？还是吃动物、吃植物，或者两样都吃。就这么一级一级往下吃，最后一级的动物还是要吃植物。所以动物们吃的，直接或者间接，全是植物。

植物的光合作用非常重要，一方面，光合作用释放氧

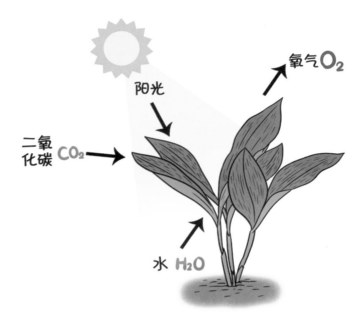

植物吸收阳光、二氧化碳和水，释放氧气

气，供动物们呼吸。每天，地球上的植物释放 5 亿多吨氧气。另一方面，植物通过光合作用，借助阳光和水，把空气中二氧化碳里的碳，变成自己身上的养分，这些养分被动物吃了，再变成动物身上的养分。

人身上除了组成水的氢和氧，什么元素最多？碳。大多数动物也是这样。有了这些碳，动物才能生长，而这些碳，全部来自于植物的光合作用。

所以，你看，没有植物的光合作用，动物既喘不上气，也吃不饱肚子。离开植物，动物根本活不下去。对于这个世界，植物要多重要就有多重要。

植物和动物在最早最早的时候，是一家人，或者可以说，是一个人。地球上早期的原始生物是不分植物动物的。极其原始，分不出是植物还是动物。20 多亿年前，出现了初级植物，初级植物生活在海洋里。到 4 亿年前，植物才上岸，陆地从那时候起有了绿色。现在，还有很多植物生活在水里，生活在水里的植物，一般说来，比陆地上的植物要低级一些。

地球上的植物种类差不多有 40 多万种，植物学家为了区别不同类型的植物，整出几千种大大小小的分类，谁记得住？咱们讲讲最简单的分类方法。

前边讲动物的时候，咱们讲过，动物们有个大区别：有没有脊椎。植物呢，也有个大区别：有没有种子。有种子的叫种子植物，没种子的叫孢子植物。孢子不是种子，而是一种能直接生长的细胞，孢子植物要长出新的来，靠的不是种子，而是这种孢子细胞。咱们前面提过的地衣、苔藓，还有水藻、海藻，都是孢子植物。说两个你常见的，紫菜、海带。

脊椎动物比无脊椎动物更高等，植物也是，种子植物是比孢子植物更高等的种类。

脊椎动物里，最高等的是哺乳动物。种子植物里，被子植物更高等。什么叫被子植物？种子外面有果肉的，叫被子植物。这个例子有很多：桃、苹果、杏、梨，这些都是。

种子外面没果肉的，叫裸子植物，种子裸着嘛，也不给盖个被子，所以叫裸子植物。松子外头有没有果肉？没有，所以大多数松树都是裸子植物。

你会不会问我，萝卜、红薯怎么只有果肉，没有种子？它们是不是种子植物？它们是种子植物。只不过，萝卜、红薯，咱们吃的部分，不是它们的果实，而是它们的根。种子当然不能长在根里，在别的地方长着呢。

可以吃的植物，可吃的部分是不一样的，有的吃根，像刚才讲过的萝卜、红薯；有的吃茎，甘蔗、莴笋吃的是茎；有的吃叶，有的吃果实，这两种应该不需要举例了，你知道很多。

土豆是一个有趣的例子。萝卜、红薯是根，土豆貌似也是根，但它不是，它是茎。因为土豆如果切成一块一块的，埋到地下，每一块都能发芽，长出土豆来。这是茎的特点，根做不到，萝卜、红薯这些根只能从顶部发一个芽，如果切成小块，那是一个芽也发不出来的。

[动物可以驯化，
植物也得调教]

上一节咱们讲，可以吃的植物，可吃的部分不一样，有的吃根、有的吃茎、有的吃叶、有的吃果实。人类吃哪个部分，肯定希望它重点长哪个部分。比如，苹果，咱们吃它的果实。如果一棵苹果树长得又高又大，但苹果长得又小又少，多讨厌，又没有人爱啃苹果树皮、树干。

枣树就是这样，一旦长得太高，枣就结得很少。所以，专业种枣树的人，都会对枣树修枝，不让它长太高。种西红柿的呢，则有意培养个高的西红柿苗，因为个高的西红柿苗，结出来的西红柿更大更多。

怎么样让植物们该长好的地方长得更好，是一门非常大的学问，这里边藏着人类几千年来的经验和知识。人类调教植物这事，经历了一个相当漫长的过程，这个过程目前还没结束。未来的很长时间内，也不会结束。中国有农业大学，有农业科学研究院，还有很多农业科学研究所。一批一批专家教授，他们的工作，就是培育更好的品种，寻找更好的方法，让植物长得更好。

比如稻子。我们吃的大米，是从稻子里长出来的。稻子这种植物，最早只有野生品种。大概在 7000 年前，中国人开始种稻子。只是，米饭虽然好吃，可稻子产量一直不高。古代中国人吃米饭，往往要加一半豆子，全都吃米，可没有那么多。

几千年来，稻子产量不高一直是个问题，大问题，所以土豆才能够流行。因为土豆的产量比稻子高好几倍，关键时候可以让人吃饱，甚至救命。

可是，毕竟爱吃米饭的人更多啊，水稻是世界上第二多的农作物，第一是小麦。如果有谁能培养出更高产的稻子来，那对人类贡献多大？有人做到啦，是个中国人，叫袁隆平。

袁隆平之前，中国的水稻每 667 平方米（亩）产量只有 300～400 千克。后来，袁隆平发明了杂交水稻，杂交水稻的亩产量逐年提高，最后突破了 600 千克。再后来，袁隆平又培育出超级杂交水稻，亩产量达到 800 千克。这个贡献太大啦，震动国内外。所以袁隆平获了一大堆国内国际的奖项，只可惜诺贝尔奖里没有农业奖，如果有，肯定给袁隆平颁一个。

调教植物这事，不仅包括培育高产的品种，也可以让它更适合种植。还讲水稻的例子，水稻喜欢生长在温暖有水的环境，那水少一点、气候冷一点的地方也想种水稻行不行呢？行，农业专家分别培育出了适应干旱和凉爽气候的水稻。中国的东北凉快吧？是水稻重要产区呢。

以前，冬天吃蔬菜是一件很难的事，因为冬天太冷，蔬菜长不出来。后来，人们发明了在大棚里种蔬菜的办法。有了大棚技术，冬天在大棚里种蔬菜，事情就好办了。外面过冬天，大棚里的蔬菜照样过它的春天、夏天。所以现在冬天的蔬菜，不比夏天少。

调教植物，还包括让它变得更好吃。咱们吃的水果，几乎都是调教改良过的。之前原始品种的水果，绝大多数没现在的好吃。最早的野生品种，就更要差一点，你看西游记里孙悟空动不动在山上找个野桃吃，不用羡慕，那桃没你现在吃的香。

人们调教植物，有的时候仅仅是为了好看。有些植物被人叫做观赏植物，它们的作用主要是好看，所以人们就把它往好看的方向调教。比如，叶子长得大一些，花开得多一些，开花的时间长一些。家里养的花草、外面用于美化环境的花草，大多数都被人调教过。

地球上所有的生物，都有自己的基因，是这个基因决定了它是什么样的生物。人类调教植物的水平，已经高到了直接改变基因的程度。这个厉害，改变基因可以给植物带来非常大的变化。跟改变基因相比，以前的调教那都是小打小闹。

通过改变基因生产出来的食品，叫转基因食品。转基因食品可以大大提高产量、杜绝病虫害，或者长时间保存而不坏。转基因食品让农业专家们兴奋异常，有了转基因食品，粮食问题可能再也不是问题。但是，也让一些人惊慌失措，他们担心，吃了转基因食品以后，会出现各种各样不可预知的问题。

到底转基因食品能不能吃，争议非常大。有的人热烈欢迎，有的人深恶痛绝，根本没办法统一。

该支持谁呢？咱们听听袁隆平的观点吧，袁隆平说：不能认为转基因食品都是坏的，利用生物技术培育农作物是今后的必然趋势，这条路一定要走。只是，必须采取非常慎重的态度，只把那些完全确定对人类没有危害的转基因食品拿出来。袁隆平还说，如果有谁开发出抗病虫害的转基因水稻，要用人做实验，他愿意第一个报名。他认为，只要两代人吃了不出现问题，就能说明这种转基因食品是安全的。

这老头，挺有勇气哈。

[是草还是树]

给植物分类，除了看有种子没种子，还有一种分类方法，看它是草还是树。专业一点的叫法是，草本植物和木本植物。这个听起来比较简单，草就是草本，树就是木本。

过去我也以为这种分法很简单。而且我还以为，所谓草本，就是只能活一年的植物。木本就是可以活好多年的。这么说的时候，我还觉得自己挺有知识。其实呢，哎呀，我错啦。区分草本木本没这么简单。

比如说，竹子，活 50 年、100 年的竹子多得是，可这个竹子，它是草本植物。

区分草本植物和木本植物的方法，重点是看它的茎。茎是空心的，比较软，里面的木质不发达，一般都是草本。草本多数只能活一年，也有活两年的，还有竹子这样活很多年的；茎是实心的，里面木质发达，可以越长越粗，一般都是木本。木本一般都是多年生，每一年长出一圈年轮。

记住啊，这是"一般"。还有不一般的，比如爬山虎，挺像草本的吧？其实不是，它是木本植物，属于木本植物中的藤这一类。绿萝跟爬山虎有点像，可是绿萝呢，又是草本植物啦。

竹子

菊花是草本，玫瑰、牡丹却是木本，玫瑰、牡丹属于木本中的灌木这一类。灌木是个子矮的树，个子高的树叫乔木。多高叫乔木呢？一般指树干明显，长到 3 米以上的。你看，又说"一般"啦，"一般"这词说得多了，真不好玩。

给植物分类是有点麻烦，植物里边，像动物里鸭嘴兽那样的特例太多。比如仙人掌，仙人掌到底算草木还是木本，有争议呢。小型的好说，算草本，可是一些大型仙人掌，茎

是实心的，也能越长越粗，这样的就不太明确，说它是木本貌似也不错。

再比如小麦，如果在春天种小麦，它就是一年生草本植物，春天种的小麦只能活到当年秋天；如果在秋天种呢，它就成了两年生草本植物，秋天种的小麦可以活到第 2 年夏天。

有一种特别贵的营养品，叫冬虫夏草。这名字太奇怪了，冬天是虫，夏天是草，怎么可能？真有这样的生物？没有。

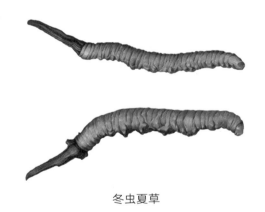

冬虫夏草

冬虫夏草是这么回事，草的种子进到了动物幼虫的肚子里，冬天的时候，孢子呆在幼虫肚子里，吸收动物幼虫肚子里的营养。到了夏天，动物幼虫已经被吸死啦，孢子再从幼虫肚子里长出来，恢复草的样子。

确切地说，进到幼虫肚子里的，不是种子，长出来的也不是草，而是菌，冬虫夏草是一种菌类。符合实际的叫法，应该是虫草菌。问题是，如果叫成虫草菌，就没什么稀罕的了，肯花大钱买的人，估计也要少得多。

提到菌，又会遇到植物分类的问题。有的植物分类方法，是把菌类算到植物里边的。可是也有的植物分类方法，把动物、植物、菌类各看作一类，菌类不算植物。如果不把菌类当植物看，有点不好接受。因为蘑菇都是菌类，难道蘑菇不算植物？你看一些韩国的百科书，他们确实认为，蘑菇既不是动物也不是植物。

给植物分类，还有一种貌似很简单的方法，用水生植物和陆生植物来分。这种方法只是貌似简单，其实也有例外。比如绿萝，本来应该长在土里，可是弄个瓶，给点水，它也能活。

还有更例外的，人们开发出了无土栽培技术。很多植物，像西红柿、黄瓜，甚至于大豆、小麦、土豆，都可以无土栽培。它们长在营养液里，甚至比在土里长得还好。要定义它们是水生或者陆生，又会遇到一点小麻烦。

[植物界"牛人"]

有的植物牛在长得高，世界上最高的树是澳洲的杏仁桉，通常能长到 100 米，最高的达到 156 米。

有的植物牛在长得长，世界上最长的藤是一种白藤，

植物界牛人·泡泡（七岁）配图

非洲比较多，中国云南也有。这种藤最长可以长到 300 米。

有的植物牛在长得宽，比如榕树。中国广东有一株大榕树，树冠面积超过 1000 平方米，树下可以坐几百个人。但这棵不是最大的。最大的榕树，据说在孟加拉国的热带雨林里。树冠的面积达到 1 万平方米，可以让几千个人同时坐在树底下。

有的植物牛在性格坚强，比如仙人掌和胡杨，非要生活在缺水的沙漠里，仙人掌和胡杨都有很深很深的根，能把沙漠深处的水吸上来。仙人掌还知道存水，它会趁水多的时候，把水藏在肥大的茎里，等缺水的时候慢慢用。雪莲也坚强，它只肯在海拔好几千米的高原生长。海拔高的地方冷，长得慢，雪莲要长 5～6 年才能开花结果，它的幼苗还要忍受零下 20 摄氏度的低温，但是，这些困难吓不住它。

看着普普通通的蒲公英，也挺牛。蒲公英在地上没多高吧？它在地下的根，能长到 1 米多深。这样的根，使得蒲公英能在地上的部分枯死之后，第二年接着活过来。

植物的第一篇，咱们讲过一种叫地衣的植物。这种植物虽然低等，但活得相当顽强。地衣喜欢潮湿的环境，水多的时候，它喜欢吸饱水。如果没有水，它也能忍。有的地衣，哪怕变干了，放好几年。再用水泡一泡，也能活过来。还记得能忍受 4 年没有水的肺鱼不？地衣肺鱼有一拼。地衣还不怕冷，南极北极都有地衣。北极的植物多一些，除了地衣，还有苔藓之类。南极的环境更差，差到只有地衣这一种植物能在南极生长。

非洲有一种树，懂得像仙人掌一样存水。这种树叫波巴布树，因为它的果实猴子特别爱吃，所以又叫猴面包树。这种猴面包树，树干肥大，木质疏松。在雨季时，拼命地吸

蒲公英

收水分，存在大树干里。它的树干大到什么程度？一棵20米高的猴面包树，树干往往粗到40个人手拉手，才能围一圈。树干里是什么？主要是水。这哪是树啊，简直是水箱。

中国辽宁曾经出土过在地下埋了1000多年的古莲子。这样的莲子，经过科学家的养植，居然发了芽、开了花。这莲子够牛的吧？

上面讲的这些植物都挺牛，但下面这几种，恐怕得说，更牛。它们是吃动物的植物。

瓶子草把它的叶子长成筒状，在叶子边缘分泌蜜汁，吸引蚂蚁、蜜蜂之类的小昆虫。其实这是个陷阱。瓶子草的叶子内壁很滑，小昆虫一不留神就会掉下去，掉下去就惨啦，下边是瓶子草的消化液，专门用来消化昆虫，把它们变成可以吸收的营养物质。

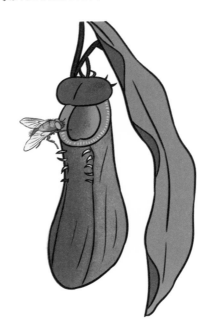

猪笼草

猪笼草的方法跟瓶子草有点像，不过猪笼草更专业一些，它用的不是叶子，而是单独长出来的笼子。这些笼子又大又漂亮，大的笼子，有 50 厘米高，能装 7～8 瓶水，又很鲜艳，像一朵大花。笼子的口上还长着笼盖，既能防止雨水进入笼子，还可以用来阻挡光线，让掉进去的昆虫找不到出口。

捕蝇草的办法有点不一样，它用夹子。捕蝇草的叶片上有个捕虫夹，捕虫夹上的外缘长着刺状的毛，这些毛是用来感应昆虫的。昆虫第一次碰到毛，捕虫夹不会闭合，捕蝇草知道，昆虫才刚来，还没进去。捕虫夹会等着，等一会，昆虫再碰一次毛，或者又碰到了另外一根毛，这表明昆虫已经进来了。捕虫夹就会合上，把昆虫关进去，让里边的消化液慢慢消化它。消化完了，捕虫夹再打开，等下一只傻虫。

瓶子草、猪笼草和捕蝇草都不稀奇，在中国都能见得到。有些人把它们养在家里，当观赏植物。

[哪种花最好看]

    植物不但养活了世界，植物还在美化世界。如果地球上没有植物，光秃秃的，那地球多丑。即便有植物，但是如果没有植物开的花，地球也比现在难看得多。地球人里边，不喜欢花的还真少见。

    不过，植物开花可不是开给人看的。植物开花是为了结果，植物的花，分雄花和雌花。需要有人在雄花和雌花之间，帮着传授花粉，植物才能结果。谁来帮着传呢？以蜜蜂为主的昆虫们。所以，植物开花，那是给昆虫看，用来吸引它们的。

    并不是所有的植物都开花，开花的只有长种子的植物，孢子植物不开花。长种子的植物里，又只有被子植物开花，裸子植物不开花。大多数松树是裸子植物，你见过松树开花不？不过，也有植物学家认为，裸子植物和孢子植物也是开花的，只不过它们的花看不见，是隐藏起来的，所以可以把裸子植物和孢子植物一起叫做隐花植物。能看见花的呢，叫显花植物。这又是一种给植物分类的方式。

    开花的目的就是要漂亮，漂亮才能引来昆虫。越是漂亮的花，对昆虫的吸引力越强。所以可以这么说，越是漂亮的花，越算是有本事的。有的植物开不出漂亮的花，怎么办呢？想歪主意，把叶子、枝条之类的东西长得很鲜艳，冒充漂亮的花，先把那些昆虫骗来再说。

世界上哪种花最漂亮？这个问题无法回答。

因为喜欢花的人太多，人类欣赏花的历史太长。所以，人们给不同的花赋予了不同的寓意。在人的眼里，花不但有样子，还有寓意。有这个寓意在里头，不同的人就会喜欢不同的花，很难统一。

比如说郁金香，单单是郁金香，如果颜色不一样，代表的意思就不一样。

白色郁金香代表纯洁；黄色郁金香代表高贵；粉色郁金

郁金香

香代表美丽；红色郁金香代表喜悦。

郁金香是荷兰的国花。很多国家有法律规定的国花，之所以要定国花，是因为这个国家的人，欣赏这种花的某种寓意。比如法国的国花是鸢尾花，法国人看重鸢尾花所代表的光明和自由。英国的国花是玫瑰，英国人认为玫瑰代表美好愿望和崇高理想。墨西哥的国花是仙人掌，墨西哥人看重仙人掌代表的力量和勇气。

日本人看重樱花的纯洁，泰国人喜欢睡莲的洁净。意大利有点意思，他们把雏菊定为国花，因为雏菊有君子之风。呵呵，意大利可是出黑手党的地方，不知道黑手党们讲不讲君子之风。

中国有没有国花？没有。原因有两个。第一，中国太大了，花的种类太多；第二，中国文明历史悠久，赏花的历史也长。所以，中国人喜欢的花，种类很多。中国有十大名花，它们是兰花、梅花、牡丹、菊花、月季、杜鹃、荷花、茶花、桂花、水仙。要让中国人一致通过，把这十种里的某一种定为国花，难度太大。

世界上最小的花，是一种水里的无根浮萍开的花。这花只有针尖大，这种花结的果，也是世界上最小的果。果实小，是这种浮萍的优势，可以被传播得更远，随便来股风，就能吹走。

想不想认识世界上最大的花？唉，给你讲讲吧，这种花啊，是世界上最大的花，也是世界上最恶心的花。它叫大王花，长在印度尼西亚的热带森林里，大王花花瓣大到直径1米，最大的有1.5米。花瓣呈红色，上边有白色的斑点。这种花啊，很臭，臭不可闻。你知道它靠哪种昆虫授粉么？苍蝇。它为什么那么臭？就是为了吸引苍蝇。

[大毒草、大毒树]

　　北方的草原上，有一种乌头草。乌头草长得很好看，主干高大直立，开着各种颜色的花，这是一种很常见的毒草。牛、羊吃了会中毒，腹泻、呕吐，甚至昏迷。有意思的是，马不怕这种毒草，吃了它一般没事。可是，人不行。古人打仗，经常用乌头草的毒汁涂抹在箭头上，制造毒箭。被这种毒箭射了，人会中毒。三国演义里讲关羽不用麻药，直接刮骨疗毒，疗的正是乌头草毒。

乌头草

南方长着一种树，叫箭毒木。这树还有个名字，叫见血封喉树。这名字听着就可怕，见血封喉是什么意思？箭毒木的树皮和枝条里，有乳白色的树汁，这种汁剧毒。抹到眼睛里会双目失明，动物和人吃了会因心脏麻痹而死亡。这种汁也用在打仗的时候，抹在刀剑上。人被这种刀剑刺伤，毒汁进入血液，很快就会死亡，所以叫见血封喉。

中国南北方的公园里，普遍种着夹竹桃树。这是一种很好的观赏植物，来自国外的树种。夹竹桃树形好看，花有红、白两种颜色。开出来的花，聚集在一起像一把张开的伞，很漂亮，还有香味。夹竹桃花枝长得不高，容易够到，经常有人摘它的花。但夹竹桃的树枝树叶里的汁液含有毒素，毒素很强，能让人恶心、呕吐，包括昏迷、死亡。这里有图片，仔细看看，记住这种树。以后见了，不要随

夹竹桃

便碰它。

　　还有一种比夹竹桃更常见的植物，曼陀罗，又叫大喇叭花。这花是野生的，路边、河边、山坡上，到处都是。这是个全身有毒的家伙，茎有毒，花有毒，果实也有毒。经常有小孩因为吃了它的果实中毒，曼陀罗的毒会在人身上潜伏 1 小时左右，然后导致口渴舌燥、声音嘶哑、面红耳热的症状，再接下来就是头晕、抽风，甚至因为呼吸困难而死亡。曼陀罗的幼苗还很容易混在菠菜里，如果洗菠菜的时候没有挑出来，吃了曼陀罗幼苗，也会中毒，症状跟吃了它的果一样。

曼陀罗

最最常见的毒树，是松树。松树有毒么？有。不过它毒的不是人，是其他的树。松树会释放一种化学物质，这种化学物质让其他的树没法长。所以，松树林一般很纯粹，只有松树，其他的树很少，真够坏的啊。不过，有一种东西不怕松树的毒，蘑菇，蘑菇最喜欢在松树林里长。蘑菇你知道，有的毒很多，一般说来越是鲜艳的越有毒，但这样判断太简单了。自己采来的蘑菇，唯一的办法是，没经过专业判断之前，千万别吃。

有一类植物，本身并没有毒，摸它碰它都没事，但是经过人工提炼，就可怕了。被提炼出来的这个东西，叫毒品。毒品之所以害人，跟前面提到的毒不一样，那些毒草、毒树，你知道它有毒，不碰它就是了。但毒品会骗人，先让人产生短暂的快感。可是，短暂的快感之后，就是没有尽头的痛苦。

毒品会让人产生依赖性，也叫上瘾。一旦上了瘾，就完蛋啦，活着的乐趣只剩下吸食毒品。人就不再是为自己活着，而是变成为毒品活着，当了毒品的奴隶。

大麻

这一类植物，比较典型的有三种，罂粟、古柯、大麻。最多见的是罂粟，罂粟花很漂亮，大大的，很多种颜色。毒品来自罂粟果，罂粟果没熟之

前，用刀划破果皮，会流白汁。这种白汁晾干了叫鸦片。清朝的时候，欧洲人往中国卖的毒品，就是这种鸦片。

后来，有人把鸦片提炼，做成吗啡。少量的吗啡可以用作医学的镇静剂，但多了就上瘾。再后来，又有人提炼吗啡，做成海洛因。海洛因是纯粹的毒品，有白色的，也有灰褐色的，粉末状，非常容易上瘾。

罂粟花

有个真事，云南的一个警察，他老婆吸毒上了瘾，怎么都戒不掉。这个警察不相信毒瘾戒不掉，认为是他老婆意志不坚定。为了让他老婆下决心戒毒，他要戒给他老婆看，于是也开始吸毒。可是，结果呢？这个警察有了毒瘾以后，也同样戒不掉。可怕吧？毒品这东西，可万万碰不得。

古柯

[植物的防身术]

切葱切蒜，会辣到眼睛。切洋葱更惨，鼻子眼睛更难受。有一个比较好的办法可以切洋葱不被呛着：在水里切。有个人听了这个办法，立刻回家去试。别人问他，试得怎么样？他说，不错不错，就是隔一会得上来喘一次气，怪麻烦的。

听懂了没？这人误以为要把自己放在水里。

开玩笑啦，哪有这么笨的人。真有这么笨的人，那他可是连植物也不如。很多植物挺聪明的呢，尤其在自我保护这方面。为什么切葱、切蒜、切洋葱会辣眼睛？这是它们的自我保护，用刺激性的气味保护自己。

刺激性气味是植物最常用的防身术，咱们前面讲过的夹竹桃，还有西红柿、桉树，这些不同类型的植物，都懂得在生长的时候散发特殊气味，阻止动物侵害。

你有没有观察过麦穗、稻穗？麦穗和稻穗上都长着长长的芒，那是为了防小鸟。玫瑰花为什么要长刺？也是为了防动物，吃树叶的动物不喜欢吃玫瑰叶，小鸟也不喜欢停在玫瑰枝上，大家都怕扎。本来玫瑰长刺也可以防人的，可是，人多狡猾啊，专业种玫瑰的，都用剪刀，不直接上手。

有长真刺的，还有长假刺的。长不出真刺，就长假刺吓唬人。有空你去看看芦荟或者棕榈树，它们的叶子边缘尖尖的，貌似有刺，但这些刺是软的，不扎人。只是为了吓人，吓那些食草动物。

有长假刺的植物骗子，还有会装死的植物骗子呢。还记得动物里会装死的负鼠吧，这个骗子在植物界也有同行。它叫九死还魂草。这种草，一般长在山上、石头缝里，没水的时候，整棵草都是干枯的，貌似死了。甚至你把它拔下来，晒干，想着这下一定死了吧。不，如果重新泡在水里，它还能活。据说，有人做过这种草的标本，放了 11 年

含羞草

以后，再泡水，它还能活。九死还魂草的学名叫卷柏，这种草少见，很名贵也很有用，既能用来美容，又能当中草药，用于受伤的时候止血。

植物跟动物有个大区别，动物一般都有神经。植物呢，都是没有神经的，不知道疼，也没法做肌肉运动控制自己。含羞草有点特殊，你碰一下含羞草，它会垂下叶子柄，合上叶片，这是含羞草在保护自己。过去的人不这么想，以为它害羞，所以叫它含羞草。

含羞草算客气的，也有不客气的，比如荨麻。荨麻是一种很常见的草，路边、墙根、山沟、树林里，很多地方长荨麻。荨麻的茎和叶子上，都长着小毒针，用来对付碰它的动物。人也不放过，被荨麻的毒针刺到，皮肤会变得又红又痒，很不舒服。

发芽的土豆不能吃，为什么呢？发芽的土豆有毒。这是土豆的防身术。发了芽以后，土豆的目标是长大、开花、结果。它不想被吃掉，有毒是一个很有效的办法，动物们被有毒的土豆毒到，会慢慢形成记忆，不碰发芽的土豆。

土豆确实很聪明，南美洲有一种野生的土豆，更神。它在受到蚜虫侵害时，会分泌出一种具有挥发性、容易四处飘散的化学物质。这种物质跟蚜虫们在遇到危险时分泌的报警物质成分一样。蚜虫闻到这种气味，会以为周围有危险，立刻逃跑。

　　玉米有个类似的招数，当玉米苗受到黄条粘虫袭击时，玉米苗会分泌出一种特殊气味，这种特殊气味胡蜂喜欢，能把胡蜂招来。胡蜂正是黄条粘虫的天敌，胡蜂能够将卵产在黄条粘虫的体内，这些卵靠吃粘虫长大，顺便消灭粘虫。这种神奇的招数，真不知道土豆和玉米从哪学的。

　　防身的目的，是为了不受伤害，活得更久。植物和动物都有防身术，哪个在长寿方面更牛一些呢？

　　应该是植物。能活几千年的树非常多。龙血树、松树、柏树、杉树，都有一些品种可以活几千年。动物里，也就只有乌龟能勉强活到 1000 岁。活到几百岁的树，不用举例子，你肯定也见过一些。但活到几百岁的动物，你应该还没见过吧？

[保护动物，
也得保护植物]

　　动物需要保护，植物也一样。有些动物不保护就没了，植物也有很多正在濒临灭绝。

　　动物走向灭绝的原因，除了天气环境以外，人是主要危害。人过度捕杀动物，会造成动物大幅减少，像狼。人破坏动物的生存空间，也会导致动物数量减少，像东北虎，人们在中国东北砍了太多森林，东北虎失去了足够的生存空间，数量变得越来越少。

　　植物的遭遇跟动物几乎一模一样。除了天气环境之外，人是造成植物濒临灭绝的主要原因。由于人们过度采挖，东北的野生人参几乎灭绝。那么大一个东北，现在每年只能采到几千克野人参，接近灭绝状态。野生兰花因为品种奇特、比较名贵，也快被人挖没啦。

　　还有一些稀有的植物品种，像银杉、苏铁，只能生存在特定区域的原始森林中。可是，这些区域的原始森林被不断破坏，大块森林越来越少，这些品种的数量也就越来越少。云南的森林里，有一种很名贵的长苞冷杉树，这种树喜欢阴凉，只有在大面积的原始森林里才能生存，砍伐森林这

事，正在造成长苞冷杉树不断减少。

对植物进行保护是一件很有价值的事，有些品种可能暂时看不到作用，但不定什么时候就会发挥一下。比如一种野生猕猴桃，原本长在中国三峡，后来被人看好。带到新西兰，一番培育之后，结出来的果变得又大又甜，很受欢迎。这种果现在叫"奇异果"，从新西兰来到中国，算进口水果。价格比国产猕猴桃贵多啦。

袁隆平的杂交水稻，是他用普通水稻和一种在海南发现的野生水稻杂交培育出来的。如果没有那种野生水稻，也就没有机会培育出杂交水稻。

当然啦，对待植物，不能势利眼。即便确定没有大作用的品种，也不能让它灭绝，咱们前边讲过，地球是大家的嘛，人类没有权力随意灭绝其他物种。世界上有多少物种濒临灭绝，需要保护？联合国定了600多种。其中，150多种在中国。

保护动植物，最直接最有效的办法，是建自然保护区。建自然保护区这个做法，是美国人发明的，美国的黄石公园

种水稻

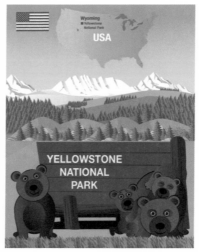

美国黄石公园

是世界上第一个自然保护区。这种做法后来受到全世界认可，目前，单是中国，就有 2000 多个自然保护区。

中国的第一个自然保护区，是广东鼎湖山自然保护区，建于 50 多年前。这是一片南亚热带雨林。建它的目的，主要是保护这里的植物——热带雨林植物。中国比较有名的自然保护区，还有青藏高原上的三江源自然保护区、东北的长白山自然保护区、西双版纳热带雨林自然保护区。

讲几种中国重点保护的植物吧。

野人参就不多说了，咱们讲中国地理的时候讲过。桫椤也讲过，这是一种低等植物，不开花，也没有种子，靠孢子繁殖，属于蕨类，比种子植物低等。虽然低等，但是桫椤名气大，因为它是跟恐龙同时代的物种，是食草恐龙最重要的食物，称得上风云植物。

咱们再讲讲望天树。望天树是植物中的"巨人"，是中国最高的树。一般能长 60 米，高的能长到 80 米。望天树相当漂亮，长得高，还长得直。树干不分岔，直溜溜地上去。整棵树特别像一把雨伞，树冠是伞面，树干是伞柄。

珙桐花

望天树很珍稀，最初只在西双版纳有，而且只在一片 20 平方千米的范围内有。现在好一些，有些其他地方的植物园栽培成功，也长出了望天树。

珙桐也是一种漂亮的树，这种树 1000 万年前比较多，它不适应随后到来的冰川期，在这个冰川期里几乎灭绝，只在中国少部分地区存活下来。

珙桐树高 20 米左右，是开花的种子植物，花又大又漂亮，白色。每年 4～5 月，珙桐开花的时候，一树大白花，看着像是停了一树的白鸽，非常美。所以，珙桐在很多地方被用作观赏树，在欧洲、北美洲比较流行。那里的珙桐，都是从中国引过去的。

中国超级重要的保护植物还包括：银杉、水杉、秃杉和金花茶。

有一句话听说过没？"树挪死，人挪活"。意思是说，树换个地方容易死，人换个地方说不定活得更好。其实树也不是一挪就死，保护植物的方法，除了在有这种植物的地方建自然保护区，还有一种，叫迁地保护，换个地方保护它。

如果这个地方的环境不再适合，最好的办法是找个更适合的。或者，试试更多的地方，像上面说的望天树，现在已经在其他植物园内生长出来。迁地保护是联合国保护植物的大计划，联合国认定濒临灭绝的保护植物，目前有一半以上得到了迁地保护。

气 候 篇

[气候很嚣张]

气候嚣张吗？

是的，气候很嚣张。嚣张到决定动植物的生死。在地球的历史上，被气候灭掉的动物、植物实在太多啦。

地质学家说，地球上的气候是冷暖交替的。曾经有过大的冰川期，也有过大的温暖期，咱们现在正处于一个快要结束的大冰川期里的小温暖期。

每一次冰川期到来，都会因为气候变化，导致一大批生物灭绝。最近的这个冰川期，人熬过来了，上一篇讲的那种叫珙桐的树也熬过来了。可是，还有很多生物没熬过来，许许多多没熬过这次冰川期的生物，往往连化石都没留下。人类既没见过它们的样子，更不知道它们的名字。

恐龙的灭绝也可能跟气候有关。恐龙灭绝于行星撞地球，这是大家公认的观点。但是那次大撞击之后，很可能有一些小恐龙活了下来，跟鱼和鸟这些生物一样，没有在那次大撞击里灭绝。可是这些生存下来的恐龙，注定适应不了后来的气候。

恐龙占领地球的年代，地球又湿又热，四季不分明，冬天夏天差别不大。但是，后来气候变得更干更冷，四季的差别越来越明显。冬天很冷、夏天很热。这样恐龙就不适应

恐龙化石

了，适合它吃的动物植物，在这种气候下也长得不好。幸存下来的那些恐龙，吃不好、活不好，最后只有彻底灭绝这一条路。

还好，每次冰川期和温暖期的交替，有物种灭绝，也有能适应新气候的新物种诞生。比如三叶虫灭绝之后有了恐龙，恐龙灭绝以后有了哺乳动物。

人的进化也受气候影响。最早活在树上的猿为什么从树上下来？科学家普遍认为，原因在于气候变冷，森林越来越少，森林里的东西不够吃。后来，人适应了草原干爽的气候之后，气候又再次变热，草原变少，森林增多。这时候的人不愿意再回到树林里当猿，怎么办呢？往北走，去干爽的地方，所以，人类走出了非洲。

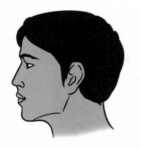

白人、黑人、黄种人的面部和肤色差异

人走出非洲以后，继续受到气候影响。为什么白人白、黑人黑？咱们在讲中国地理的时候讲过，那是因为白人待在北方，北方本来日照的时间就短，所以晒得少，白。黑人相反，晒得多，所以黑。

白人的鼻子长，因为他在冷天呼吸时，要用鼻子先温暖冷空气，免得伤着肺；黑人生活在温暖的地方，没有这个问题，所以没有进化出长鼻子。黄种人肤色和鼻子的进化，处于黑人和白人之间，因为黄种人早期生活的区域，位置在南北之间。

气候影响动植物的生死、进化，也能决定动植物的分布。一个特别直接的例子，几千年前，中国北方是有很多大象的，那时候，气候比现在暖和。后来呢，气候变冷，北方的植物数量也在不断减少，一些喜欢湿热气候的植物，在北方慢慢混不下去哩。大象也嫌冷，加上北边可供大象吃的植物也变少，大象所在的区域就只能一点一点往南去了。

嚣张的气候·泡泡（七岁）配图

气候嚣张，还体现在，有时候它会参与决定战争的胜负。

元朝的时候，中国打日本。去了 10 万人，4000 多艘战船，浩浩荡荡。日本的军队看到这么多船，早吓傻了。可是，天气捣乱，刮起了台风。元朝的军队再牛，也扛不过台风。船被刮得稀里哗啦，吃了个大败仗。

隋朝的时候，隋炀帝派人打高句丽，没打赢，因为打到冬天，打不下去啦。隋朝的士兵受不了高句丽寒冷的天气，冻伤的比战伤的还多，只能认输回来。唐太宗也去打过高句丽，也被天气堵回来。后来的唐高宗比较明白，挑七八月，夏天的时候去，结果轻松获胜，打服了高句丽。

二战的时候，德国打苏联，也是因为天气冷没打下来。天冷得坦克发动不了、枪打不响。更可怕的是，德国士兵穿得太少，食品供应不上。又冷又饿，咋打仗啊。

[气候有规律]

气候很嚣张、很牛。不过，如果能找到它的规律，再跟它打交道，就会容易很多。

气候是有规律的。比如，咱们前面讲过，地球有冰川期、温暖期。冰川期、温暖期总是交替到来的，这是气候的一个规律。

每年都有春夏秋冬四季，冬天完了是春天，春天完了是夏天，四季总是交替轮回。这也是气候的规律。

为什么会有四季？这跟有白天黑夜一样，由地球的转动引起。地球像个陀螺一样自转，不过，它比陀螺转得可慢多啦，一天才转一圈。这一天里，地球上向着太阳的地方是白天，背着太阳的地方是黑夜。地球转完一圈，地球上每个地方跟着走完一轮白天黑夜，正好是一天。

地球不但自转，还绕着太阳公转。公转的圈子大，转一圈要一年。如果地球老老实实地、直着身子自转、公转，让太阳直直地照到地球上，是不会有四季的。四季之所以产生，因为地球是斜着转的，倾斜 23.5 度角。斜着转的结果，造成太阳在地球上的照射不均匀。一段时间北半球太阳照得多，另一段时间南半球太阳照得多，这种情况一年变一次。

太阳照得多，就热，最热的时候，是夏天；太阳照得少，就冷，最冷的时候，是冬天。南半球热的时候，北半球冷。两边反着，这边是夏天，那边是冬天；这边到冬天的时候，那边又是夏天啦。

有三个地方特殊，北极、南极和赤道。北极、南极在地球的两端，太阳照得多的时候，一天到晚一直照，连黑夜都没有，所以夏天特别长。但是太阳照得少的时候，根本照不到，一天到晚都是黑夜，所以冬天也特别长。冬天夏天都长，长到只有冬天夏天。在南极、北极，根本没有春天、秋天。

赤道在正中间，不管地球怎么转，这一圈都是直对着太阳。不存在太阳照得多照得少的问题，所以，赤道这儿，没有春秋冬，只有夏天。

动植物知道四季的规律。大多数的花在春天开，果在秋天结。迁徙的动物春天出发去狂吃长肉，秋天回暖和的地方过冬。吃果的动物在秋天攒冬天的粮食，怕冷的动物到了冬天睡觉。

人也知道四季的规律，春天播种、秋天收获。为了把气候规律利用得更好，古代的中国人觉得只区分四季还不够，又发明了节气。四季把一年分成四块，四块太大。节气把一年分成二十四小块，分得越细，用起来越方便。

北

南

二十四节气里，最有趣的是以下四个。冬至，这一天黑夜最长，白天最短；夏至，这一天白天最长，黑夜最短；春分，这一天黑夜白天一样长，但从春分开始，白天一点点变长，直到夏至这天最长；过了夏至，白天开始变短，到秋分的这天，白天黑夜又变得一样长。然后，黑夜继续一点点变长，直到冬至这一天。

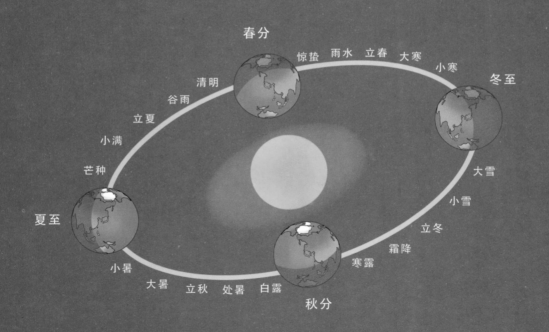

春分

惊蛰 雨水 立春 大寒

小寒

冬至

清明

谷雨

立夏

小满

芒种

大雪

小雪

立冬

霜降

寒露

夏至

小暑

大暑 立秋 处暑 白露

秋分

　　大海对气候规律的影响非常大，知道为什么不？因为大海一直在干两件事。第一是制造洋流。不同地方的海水温度不一样，有的地方高，有的地方低。所以洋流能够传递热量、调节地球不同区域的温度。温度对气候的影响很大。

　　大海干的第二件事，是往陆地上吹湿气。你知道的，海洋上边的空气里，水蒸气多、湿度大。海洋和大陆之间有一股风存在，这股风叫季风。为什么会有风，什么叫季风，咱们后面会讲。季风把海洋上空水汽多的空气带到陆地上空，陆地上空往往会因为这些水汽而产生雨。雨水的多少对气候的影响也大。

　　科学家们发现，受洋流、季风等的影响，地球上不同的地方气候规律差别很大。于是，科学家们给地球上的气候分了类型。热带型、温带型、寒带型，大的分了好几种。中国大嘛，一口气又占了五种小的气候类型。有热带季风气候、亚热带季风气候、温带季风气候、温带大陆性气候、高原高山气候。别记它了，知道不同类型的气候，主要差别是冷热、干湿就行哩。

[天上来的各种水]

天上有的时候会下雨，有的时候会下雪，有的时候还会下冰雹。雨、雪和冰雹，都是水，天上哪来的这些水呀？

从下边飘上去的。

空气里有水，水蒸气。热天的时候，你从冰箱里拿一

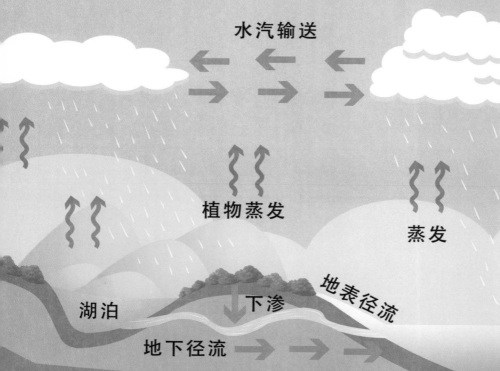

水汽输送

植物蒸发

蒸发

湖泊　　下渗　　地表径流

地下径流　　海洋

个杯子出来，过一会，杯子的外壁上会有水珠。这水哪来的？可不是从杯子里面出来的，是空气中的水蒸气变的。空气中的水蒸气遇到冷的杯子，还原成了水。

空气中的水蒸气遇冷凝结成水珠

　　一个冷杯子就能还原出那么多水珠，说明空气中藏着不少水蒸气。空气里的水蒸气来自于液体水的蒸发。哪儿的空气里含水蒸气多一些？那得看哪儿可蒸发的液体水多，如果拿海洋和沙漠比，当然是海洋。沙漠里没有可蒸发的水。

　　含有水蒸气的空气，有的时候能够形成大大的气团。大大的气团带着水蒸气往天上飘。你知道，上边是越高越冷的。同时由于上面的空气稀薄，气团上升中还会膨胀，膨胀的过程又要丢失能量，结果气团越来越冷。飘到几千米的高度时，气团里的水蒸气有些会变成水滴，有时还夹着小冰粒。气团也变成可能往下掉雨、雪和冰雹的云团。

　　云团能飘在空中，是因为下面有向上的气流在托着它，如果云团里的水太多太重，下面的气流托不住，那么，雨就下来啦。

　　如果天气够冷，云团里小冰粒周围的水蒸气会在小冰粒上结晶成雪，飘落下来。那就是下雪。

　　为什么夏天不下雪呢？不单单是因为夏天天气不够冷，还因为夏天的时候，地面的温度高，空气中向上的气流比较强。即使云团中结晶了雪，向上的气流也能把雪托住，雪太轻嘛，有了也下不来，只能等变成雨，气流托不住再下来。所以，冬天能够下雪，还得感谢冬天向上的气流没那么强。

　　如果云团里的水蒸气变成水落下来，却被某一股强烈的上升气流又给推上去，回到云层中变成小冰块；小冰块往下掉，又被上升气流推回去，上上下下折腾，直到小冰块吸收更多的水，冻成大冰块。再掉下来，那就是冰雹。最大个的冰雹，比鸡蛋还大。

　　冰雹只能在夏天下来。因为，要形成冰雹需要两个条件，首先得有含水量特别大的云，这种云只在夏天水蒸气多的时候才有。然后，还得有强烈的上升气流，把开始形成的雨和小冰块推回去，这个也只在夏天有。

　　有的时候，雨不叫雨，叫雷雨。大雨下着，还有电闪雷鸣，这是怎么回事？

　　你知道摩擦生电，对吧？云层中的小冰粒也在不断摩擦，生出电来。如果云层足够厚，摩擦出来的正电、负电就会足够多，而且会被云层隔开。负电一般在下层，正电一般在上层。

　　云层里的正电、负电攒到足够多，再有机会碰到一起，就会中和放电，发出耀眼的光芒，那是闪电。闪电会发生在

一块大云彩内部，也会发生在云与云之间。最可怕的，是发生在云和地面之间。因为闪电很强，强得吓人。

一次闪电释放的电力，如果可以收集起来，够几千个家庭灯泡亮一天。可惜人们还没有收集闪电电力的本事，能躲开就不错啦。过去闪电经常击中建筑物，伤人伤物，很可怕的。为什么现在少了，因为人们发明了避雷针。高楼上一定得有避雷针，云层中的电荷遇到高楼，它会主动自觉地先找避雷针。因为避雷针都比楼高一点，更容易找到，而且避雷针导电性能更好，更容易释放电量。电荷沿着避雷针导入地面，就没事了。

避雷针避的其实不是雷，而是闪电。雷没什么可怕的，只是闪电放电时发出的爆炸声。闪电和雷从来都是同时发生，感觉上雷在闪电后头，是因为声音比光跑得慢，慢太多。

经常有人骂，遭雷劈的。人真会被雷劈吗？会，雷雨天气的时候，天上的负电荷如果往地面释放，会找地面上比较高的容易导电的物体。如果这人倒霉，呆的地方比较空旷，天上的负电荷找不到比他更高更合适的，恰好找到他，通过他把电量释放到地面上去，他就惨了。当然啦，劈他的不是雷，是闪电。

[地上吹的各种风]

风是什么东西？风什么都不是，空气在流动而已。空气不动就没有风，空气动起来才有风。

地球外面一圈是厚厚的空气，如果空气是均匀的，在不同的地方多少都一样，空气就不动；如果有的地方空气多，有的地方空气少，空气就会从多的地方往少的地方流

风

动，空气流动起来就是风。

为什么有的地方空气会少呢？温度的问题，你知道热胀冷缩对吧？温度高的地方，空气受热膨胀，这里的空气就比较少、蓬松。温度低的地方，空气受冷压缩，这里的空气就比较多、密集。

空气是有重量的，空气密集呢，压力就大，气压就高。空气蓬松呢，压力就小，气压就低。空气会从压力大的地方往压力小的地方跑，这么一流动，产生了风。

例子很好举。白天，太阳照在山坡上，山坡很快热了，山坡上的空气温度也高。这儿的空气蓬松，气压小。山谷里呢，被山坡挡着，太阳照不到，空气温度低、气压大。风就会从山谷往山坡上吹，这种风，从山谷来，叫谷风。

到了晚上，山坡上失热也快，温度变得比山谷低，气

风·泡泡（七岁）配图

压也低。空气就换一个方向，开始从山坡往山谷里吹，这种风，从山坡上来，叫山风。

这是白天晚上的区别，还有冬天夏天的区别，比如陆地和海洋之间。

夏天的海水比沙滩上凉快多了，知道什么原因不？海水比陆地更能存热。夏天的时候，海水的温度，比陆地上要低得多。海水温度低，海水上方的空气，也比陆地上方的空气温度低。

海水上方的空气温度低，也就比较密，气压就大。陆地上的空气呢，比较蓬松，气压就小。这时候，空气就会从海上往陆地上流动，形成来自海洋的风。

到了冬天，反过来啦。夏天海洋吸热多，到冬天，往外放的热量也多，海洋上方的空气，比陆地上方的温度更

高，结果海洋上方的空气气压小，陆地上方气压大。风怎么吹呢？从陆地向海洋吹。

　　这两种在海洋和陆地之间来回吹的风，合起来叫海陆风。海陆风是年年都有的。夏天，从海洋吹向陆地；冬天，从陆地吹向海洋。按照季节有规律变化，所以，也叫季风。

　　季风对气候的影响特别大，它能决定一个地方是干旱还是湿润。中国南方的夏天为什么雨多，季风影响的。海洋上方的空气湿度大，夏天从海洋吹向陆地的季风，是带着水汽来的，在南方的陆地上空变成雨，掉下来，所以南方雨多。

　　中国北方离海洋远的地方，比如新疆、青海、甘肃，海洋上来的季风吹不了那么远，这些地方夏天的雨就少，属于干旱地区。咱们前面讲气候规律的时候说，气候被分了很

寒冷的天气·泡泡（七岁）配图

多类型。受季风的影响大小，是不同气候类型的重要区别。

风可以分两种，正常的，不正常的。

不太大的，没什么坏处，算正常的。太大闹事的，算不正常的。

龙卷风和飓风，都是不正常的风。龙卷风是怪异天气下，两股空气流相互摩擦形成的空气旋涡。龙卷风移动快，旋涡中心吸力大，拔起大树、摧毁房屋、吸走人的事，经常有。

飓风的威力，比龙卷风更大。龙卷风就那么一股，时间也短。飓风不得了，飓风从海上来，会伴随大海浪，影响面积比龙卷风大得多。飓风摧毁一座城市的事，有过不少。

风有大小之分，你应该有感觉。人们给风是分了级的，一开始从小到大分了 12 级，能吹动树叶的，是 3 级微风；6 级属于强风，打伞有困难；10 级叫狂风，能把树连根拔起。后来人们发现，12 级不够用，还有更强的风，又加到 17 级。

2007 年 2 月，新疆，一列火车被风吹翻 11 节车厢，那天的风是 13 级。

[坏天气带来
的各种麻烦]

雪下得过大，叫雪灾；冰结得过多，叫冰灾；雨下得太大，会引发水灾；风刮得太猛，是风灾；狂风还带着沙子，叫沙尘暴。坏天气的种类，真是不少。

雪灾很讨厌。别看雪花轻，雪下厚了，就沉哩。大雪能压坏农作物、压倒树和房子。雪灾最讨厌的一点，是大雪封路，导致交通中断。被封的地方，进不去、出不来，多别扭。

冰灾的时候，树上、路上、房子上，都是冰。路滑不能走，所以冰灾也会中断交通。2008 年中国南方发生过一次冰灾，这次冰灾发生的时候最不好，正是春节前，交通中断使几百万人不能回家过年。

除了封路，冰灾比雪灾还有一个更讨厌的地方：压断电线使电力中断。2008 年的中国冰灾，不但压断了电线，很多输电用的铁塔也被冰压倒。几个省的几十个县，出现电力中断。大冷天的，没有电多麻烦。

大风上一章讲过，10 级的能拔起大树，13 级的就能吹倒火车。所以风灾也麻烦，但最麻烦的，还是水灾。

　　大雨会导致山洪爆发、大河决堤，还会引发泥石流。洪水比雪和冰可怕，雪和冰都是不动的，洪水会跑啊。大的洪水，能轻易击垮建筑物，也能瞬间消灭一座城市，被卷入洪水的人，生还的可能性几乎没有。

　　沙尘暴的危害比上边几种灾害略微小一些，直接危害是污染环境，影响呼吸。但大的沙尘暴也能破坏农田、树木，致人死亡。大多数时候，沙尘暴的麻烦在于影响面大，沙尘暴的沙尘，可不是附近来的，往往来自几百千米，甚至几千千米之外。蒙古国的沙尘，能跑到韩国、日本呢。

　　雨下多了容易引起水灾，老不下雨呢，又是旱灾。旱灾也麻烦，农作物干死，鱼虾渴死，人没粮食吃。历史上，因为旱灾导致农作物没有收成，大量饿死人的事情，多了去啦。

　　干旱影响农业，不正常的低温也影响农业。比如，该暖和的时候，突然天气冷了，冻坏很多不耐寒的农作物，也是灾害，叫低温灾害。

　　坏天气还影响人的情绪。好的天气，人的精神状态比较好。坏天气里，人的精神状态差。比如，阴雨连绵天，人容易情绪低落，萎靡不振。据说，每次出现全球性的恶劣气候，都会使抑郁症病人数量增加。

　　坏天气这么讨厌，人类的科技挺发达的，难道不能用高科技控制一下天气？把坏天气消灭掉？

　　这个嘛，把现代科技水平看得太高了，现代科技还远不能控制天气。现代科技能做的，只是预报而已，努力方向是预报得更早一点、更准确一点。

　　希望你们这一代长大，能让科技再上一个台阶。开始控制坏天气，甚至影响气候，让它别再这么嚣张。

图书在版编目（ＣＩＰ）数据

让孩子着迷的自然之美/ 泡爸著. -- 长沙：湖南科学技术
出版社，2020.1重印
（"泡爸讲知识"经典系列）
ISBN 978-7-5357-9766-7

Ⅰ．①让… Ⅱ．①泡… Ⅲ．①自然科学－少儿读物Ⅳ．①N49

中国版本图书馆CIP 数据核字(2018)第 067692 号

RANG HAIZI ZHAOMI DE ZIRAN ZHI MEI
"泡爸讲知识"经典系列

让孩子着迷的自然之美

著　　者：泡　爸
插　　画：泡　泡
责任编辑：李　媛 刘　英
出版发行：湖南科学技术出版社
社　　址：长沙市湘雅路 276 号
　　　　　http://www.hnstp.com
湖南科学技术出版社天猫旗舰店网址：
　　　　　http://hnkjcbs.tmall.com
印　　刷：湖南汇龙印务有限公司
　　　　　（印装质量问题请直接与本厂联系）
厂　　址：长沙市开福区捞刀河镇大明工业园
邮　　编：410153
版　　次：2018 年 6 月第 1 版
印　　次：2020 年 1 月第 2 次印刷
开　　本：710mm×1000mm　1/16
印　　张：8.5
书　　号：ISBN 978-7-5357-9766-7
定　　价：45.00 元